网络工程专业职教师资培养系列教材

计算机网络技术综合实训教程

黄 川 主编

科学出版社

北 京

内 容 简 介

本书是计算机网络技术实训教程或主要课程的实验配套教程，主要包括网络工程技术、网络管理技术、网络操作系统、网络协议与编程实现、网络安全技术等方面的基础实验。全书共6章。第1章对计算机网络技术的发展和全书结构进行介绍；第2章介绍网络工程技术，包括网络布线工程和网络设备工程；第3章介绍网络管理技术，通过SNMP的实现来加深学生对网络管理的理解；第4章介绍网络操作系统，设计在Linux和Windows系统环境下不同网络服务的配置和搭建来强化学生网络系统维护的技能；第5章介绍网络协议与编程实现，通过编程实现常用网络协议来使学生更好地理解网络协议，并学会使用套接字编程；第6章介绍网络安全技术，从网络攻击和防御两个方面设计任务，使学生能掌握网络攻防的特点和一些常用工具、方法。本书以实践为主，可操作性强，能够快速提高读者的动手能力和技术水平。

本书可以作为计算机相关专业的本专科教材，也可作为从事系统管理和网络管理专业人员的参考书。

图书在版编目（CIP）数据

计算机网络技术综合实训教程/黄川主编. —北京：科学出版社，2016.6
网络工程专业职教师资培养系列教材
ISBN 978-7-03-048335-5

Ⅰ.①计… Ⅱ.①黄… Ⅲ.①计算机网络—师资培训—教材 Ⅳ.①TP393

中国版本图书馆 CIP 数据核字(2016)第 111895 号

责任编辑：邹 杰 张丽花 / 责任校对：桂伟利
责任印制：徐晓晨 / 封面设计：迷底书装

科 学 出 版 社 出版
北京东黄城根北街 16 号
邮政编码：100717
http://www.sciencep.com

北京盛通商印快线网络科技有限公司 印刷
科学出版社发行 各地新华书店经销
*

2016 年 6 月第 一 版 开本：787×1092 1/16
2021 年 3 月第五次印刷 印张：13 1/2
字数：320 000

定价：59.00 元
（如有印装质量问题，我社负责调换）
版权所有，违者必究！未经本社许可，数字图书馆不得使用

前　言

　　随着信息技术的快速发展，特别是当前"互联网+"时代的到来，为计算机网络发展开启了新的篇章。同时，计算机网络技术是一个庞大而复杂的技能体系，不同方面的技术相互交叉影响，比如目前热门的网络安全技术，其出现在各种网络工程项目的需求中，是项目实现不可或缺的重要一环。不断更新的技术和需求使得针对计算机网络本科专业，特别是网络工程专业的教学亟须一本包含计算机网络技术的综合实训教材，本书的编写正是在此背景下产生的。

　　本书以职业岗位能力需求为中心，强化培养学生能力。运用"做中学，做中思"的教学理念进行设计，并以循序渐进的学习过程来科学合理地安排课程教学内容。结合实际应用需求，从任务出发，将计算机网络技术的各技术要点细分成若干任务，减少空洞、枯燥的理论知识，加强应用性和可操作性内容，以提高教学效率和教学质量。

　　本书共 6 章，内容安排如下。

　　第 1 章对计算机网络技术的发展和全书结构进行介绍。

　　第 2 章主要介绍网络工程技术，包括网络布线工程和网络设备工程。本章设计了 5 个任务，其中双绞线和系统工程需求分析的撰写需要根据实际课堂环境进行安排；而任务 3～任务 5 是基本的路由与交换机配置实验。

　　第 3 章主要讲解网络管理技术，以应用最广的 SNMP 为基础。本章设计了 5 个任务，包括 SNMP 模拟环境的实现、MIB 浏览器的实现、Trap 接收器的使用和实现，以及网络故障的判断与检测等。

　　第 4 章主要介绍网络操作系统。本章设计了 5 个任务，分别在 Linux 和 Windows 环境下进行实验，包括 WWW、AD 域及 FTP 服务器的配置和搭建。

　　第 5 章主要通过编程实现来介绍常用网络协议，从而使学生更好地理解网络协议。本章设计了 4 个任务，包括基本网络程序设计、基于 TCP 的聊天程序设计、基于 UDP 的聊天程序设计和 FTP 服务器程序设计等。

　　第 6 章主要介绍网络安全技术，从网络攻击和防御两个方面设计任务，使学生能掌握网络攻防的特点和一些常用工具、方法。本章设计了 7 个任务，在网络攻击方面有 IP 地址隐藏、网络扫描、网络监听、缓冲区溢出攻击与木马攻击等内容；在网络防御方面主要包括防火墙技术和入侵检测系统两个主要防御手段。

　　本书以实践为主，可操作性强，能够快速提高读者的动手能力和技术水平。本书可以作为计算机相关专业的本专科教材，也可作为从事系统管理和网络管理专业人员的参考书。

　　由于编者水平所限，书中难免存在不足之处，恳请广大读者不吝批评指正，不胜感激。编者的电子邮箱：fzchuang@126.com。

编　者
2016 年 2 月

目 录

前言
第1章 概述··1
 1.1 计算机网络技术的发展··1
 1.2 本书结构安排与介绍··2
第2章 网络工程技术··4
 2.1 网络工程技术简介··4
 2.2 任务一：双绞线电缆的制作··4
  2.2.1 学习目标··4
  2.2.2 任务描述··5
  2.2.3 任务分析··5
  2.2.4 相关知识··5
  2.2.5 任务实现步骤··5
 2.3 任务二：系统工程需求分析的撰写··7
  2.3.1 学习目标··7
  2.3.2 任务描述··7
  2.3.3 任务分析··7
  2.3.4 相关知识··7
  2.3.5 任务实现步骤··8
 2.4 任务三：静态路由协议配置··10
  2.4.1 学习目标··10
  2.4.2 任务描述··10
  2.4.3 任务分析··11
  2.4.4 相关知识··11
  2.4.5 任务实现步骤··12
 2.5 任务四：动态路由协议配置··16
  2.5.1 学习目标··16
  2.5.2 任务描述··16
  2.5.3 任务分析··17
  2.5.4 相关知识··17
  2.5.5 任务实现步骤··18
 2.6 任务五：交换机配置··31
  2.6.1 学习目标··31
  2.6.2 任务描述··32
  2.6.3 任务分析··33
  2.6.4 相关知识··34

2.6.5　任务实现步骤 ·· 35
第 3 章　网络管理技术 ·· 44
　3.1　网络管理技术简介 ·· 44
　3.2　任务一：SNMP 模拟环境的实现 ·· 46
　　3.2.1　学习目标 ·· 46
　　3.2.2　任务描述 ·· 46
　　3.2.3　任务分析 ·· 46
　　3.2.4　相关知识 ·· 46
　　3.2.5　任务实现步骤 ·· 47
　3.3　任务二：MIB 浏览器的实现 ··· 53
　　3.3.1　学习目标 ·· 53
　　3.3.2　任务描述 ·· 53
　　3.3.3　任务分析 ·· 53
　　3.3.4　相关知识 ·· 53
　　3.3.5　任务实现步骤 ·· 53
　3.4　任务三：Trap 接收器的使用 ··· 55
　　3.4.1　学习目标 ·· 55
　　3.4.2　任务描述 ·· 55
　　3.4.3　任务分析 ·· 55
　　3.4.4　相关知识 ·· 56
　　3.4.5　任务实现步骤 ·· 56
　3.5　任务四：Trap 接收器的实现 ··· 63
　　3.5.1　学习目标 ·· 63
　　3.5.2　任务描述 ·· 63
　　3.5.3　任务分析 ·· 63
　　3.5.4　相关知识 ·· 63
　　3.5.5　任务实现步骤 ·· 64
　3.6　任务五：网络故障的判断与检测 ·· 66
　　3.6.1　学习目标 ·· 66
　　3.6.2　任务描述 ·· 66
　　3.6.3　任务分析 ·· 66
　　3.6.4　相关知识 ·· 67
　　3.6.5　任务实现步骤 ·· 67
第 4 章　网络操作系统 ·· 71
　4.1　网络操作系统简介 ·· 71
　4.2　任务一：Linux 环境下 DNS 服务器的配置 ·· 73
　　4.2.1　学习目标 ·· 73
　　4.2.2　任务描述 ·· 73

4.2.3　任务分析 ··· 74
　　4.2.4　相关知识 ··· 74
　　4.2.5　任务实现步骤 ·· 75
4.3　任务二：Linux 环境下 WWW 服务器的配置 ·· 79
　　4.3.1　学习目标 ··· 79
　　4.3.2　任务描述 ··· 79
　　4.3.3　任务分析 ··· 79
　　4.3.4　相关知识 ··· 79
　　4.3.5　任务实现步骤 ·· 79
4.4　任务三：Windows 环境下 AD 域服务的配置 ·· 83
　　4.4.1　学习目标 ··· 83
　　4.4.2　任务描述 ··· 84
　　4.4.3　任务分析 ··· 84
　　4.4.4　相关知识 ··· 84
　　4.4.5　任务实现步骤 ·· 85
4.5　任务四：Windows 环境下 WWW 服务器的配置 ··· 92
　　4.5.1　学习目标 ··· 92
　　4.5.2　任务描述 ··· 92
　　4.5.3　任务分析 ··· 92
　　4.5.4　相关知识 ··· 92
　　4.5.5　任务实现步骤 ·· 93
4.6　任务五：Windows 环境下 FTP 服务器的配置 ··· 106
　　4.6.1　学习目标 ··· 106
　　4.6.2　任务描述 ··· 107
　　4.6.3　任务分析 ··· 107
　　4.6.4　相关知识 ··· 107
　　4.6.5　任务实现步骤 ·· 108

第 5 章　网络协议与编程实现 ··· 123
5.1　网络协议与网络编程基础 ·· 123
　　5.1.1　网络协议介绍 ·· 123
　　5.1.2　网络编程介绍 ·· 125
5.2　任务一：基本网络程序设计 ·· 128
　　5.2.1　学习目标 ··· 128
　　5.2.2　任务描述 ··· 128
　　5.2.3　任务分析 ··· 129
　　5.2.4　相关知识 ··· 129
　　5.2.5　任务实现步骤 ·· 130
5.3　任务二：基于 TCP 的聊天程序设计 ·· 132
　　5.3.1　学习目标 ··· 132

	5.3.2	任务描述	132
	5.3.3	任务分析	133
	5.3.4	相关知识	133
	5.3.5	任务实现步骤	133
5.4	任务三：基于 UDP 的聊天程序设计		141
	5.4.1	学习目标	141
	5.4.2	任务描述	142
	5.4.3	任务分析	142
	5.4.4	相关知识	142
	5.4.5	任务实现步骤	143
5.5	任务四：FTP 服务器程序设计		145
	5.5.1	学习目标	145
	5.5.2	任务描述	145
	5.5.3	任务分析	146
	5.5.4	相关知识	146
	5.5.5	任务实现步骤	146

第 6 章 网络安全技术 165

6.1	网络安全技术概述		165
6.2	任务一：网络攻击技术之 IP 地址隐藏		166
	6.2.1	学习目标	166
	6.2.2	任务描述	166
	6.2.3	任务分析	166
	6.2.4	相关知识	166
	6.2.5	任务实现步骤	167
6.3	任务二：网络攻击技术之网络扫描		169
	6.3.1	学习目标	169
	6.3.2	任务描述	169
	6.3.3	任务分析	170
	6.3.4	相关知识	170
	6.3.5	任务实现步骤	170
6.4	任务三：网络攻击技术之网络监听		174
	6.4.1	学习目标	174
	6.4.2	任务描述	174
	6.4.3	任务分析	175
	6.4.4	相关知识	175
	6.4.5	任务实现步骤	176
6.5	任务四：网络攻击技术之缓冲区溢出攻击		182
	6.5.1	学习目标	182

6.5.2 任务描述 182
　　　6.5.3 任务分析 182
　　　6.5.4 相关知识 182
　　　6.5.5 任务实现步骤 183
　6.6 任务五：网络攻击技术之木马攻击 186
　　　6.6.1 学习目标 186
　　　6.6.2 任务描述 186
　　　6.6.3 任务分析 186
　　　6.6.4 相关知识 187
　　　6.6.5 任务实现步骤 187
　6.7 任务六：网络防御技术之防火墙技术 193
　　　6.7.1 学习目标 193
　　　6.7.2 任务描述 193
　　　6.7.3 任务分析 193
　　　6.7.4 相关知识 193
　　　6.7.5 任务实现步骤 194
　6.8 任务七：网络防御技术之入侵检测系统 197
　　　6.8.1 学习目标 197
　　　6.8.2 任务描述 197
　　　6.8.3 任务分析 197
　　　6.8.4 相关知识 197
　　　6.8.5 任务实现步骤 198

参考文献 206

第 1 章 概　　述

计算机网络技术的快速发展为我们的生活、学习带来了翻天覆地的变化。掌握计算机网络技术是计算机专业，特别是网络方向的学生的必然需求。本章首先介绍计算机网络技术的发展情况，接着简要说明本书各部分章节概要及所涉及的网络技术。

1.1　计算机网络技术的发展

计算机网络技术是当今世界最热门、最前沿的科学技术之一。计算机网络的存在使得我们生活的星球成为名副其实的"地球村"。这是因为网络缩短了人们之间的距离，增加了人们之间沟通的途径，丰富了人们的日常生活，从而提高了整个社会运转的效率。

计算机网络技术是一门比较年轻的科学技术，从诞生之日起至今短短 50 多年的历程就已深入到人类社会的方方面面。

第一阶段：诞生阶段

20 世纪 60 年代中期之前的第一代计算机网络是以单个计算机为中心的远程联机系统。典型应用是由一台计算机和全美国范围内 2000 多个终端组成的飞机订票系统。终端是一台计算机的外部设备，包括显示器和键盘，无 CPU 和内存。随着远程终端的增多，在主机前增加了前端机。当时，人们把计算机网络定义为"以传输信息为目的而连接起来，实现远程信息处理或进一步达到资源共享的系统"，这样的通信系统已具备了网络的雏形。

第二阶段：形成阶段

20 世纪 60 年代中期至 70 年代的第二代计算机网络是以多个主机通过通信线路互连起来，为用户提供服务。兴起于 20 世纪 60 年代后期，典型代表是美国国防部高级研究计划局协助开发的 ARPANET。主机之间不是直接用线路相连，而是由接口报文处理机(IMP)转接后互连的。IMP 和它们之间互连的通信线路一起负责主机间的通信任务，构成了通信子网。通信子网互连的主机负责运行程序，提供资源共享，组成了资源子网。这个时期，网络概念为"以能够相互共享资源为目的互连起来的具有独立功能的计算机的集合体"，形成了计算机网络的基本概念。

第三阶段：互连互通阶段

20 世纪 70 年代末至 90 年代的第三代计算机网络是具有统一的网络体系结构并遵循国际标准的开放式和标准化的网络。ARPANET 兴起后，计算机网络发展迅猛，各大计算机公司相继推出自己的网络体系结构及实现这些结构的软硬件产品。由于没有统一的标准，不同厂商的产品之间互连很困难，人们迫切需要一种开放性的标准化实用网络环境，这样产生了两种国际通用的最重要的体系结构，即 TCP/IP 体系结构和国际标准化组织的 OSI 体系结构。

第四阶段：高速网络阶段

20 世纪 90 年代末至今的第四代计算机网络，由于局域网技术发展成熟，出现了光纤及高速网络技术、多媒体网络、智能网络，整个网络就像一个对用户透明的大的计算机系统，发展成以 Internet 为代表的互联网。

随着人们对网络需求的日新月异，网络技术在体系结构、协议、应用与安全等方面都已得到长足的进步。近年来涌现了许多新的概念和技术，如无线网络技术、移动互联网技术、物联网技术、云计算、大数据技术及虚拟化技术等使得网络技术的前景仍然充满无限可能。然而，正是计算机网络技术发展迅速，同时所涉及的领域越来越广，使得对计算机网络技术的学习越来越复杂。同时，作为操作性较强的计算机网络技术，单纯依靠书本的学习已不能适应现在的需求。因此，本书立足于培养网络技术的实际操作能力，希望通过不同任务的实现使学生能对已学习过的网络技术原理有更加深刻的认识与理解。

1.2 本书结构安排与介绍

计算机网络技术是一个庞大而复杂的体系，本书主要以本科教学为出发点，选取了网络技术中常用且基础的五个方面进行介绍，包括网络工程、网络管理、网络操作系统、网络协议与编程实现和网络安全等技术，希望以此加深学生对网络技术的理解和掌握。

1. 网络工程

网络工程一般是指按计划进行的以工程化的思想、方式、方法、设计、研发和解决网络系统问题的工程，主要包括以下两个方面：

设备工程：是指计算机网络所使用的设备（交换机、路由器、防火墙及连接线缆等），包括网络的需求分析、网络设备的选择、网络拓扑结构的设计、组网技术及施工技术要求等。

布线工程：也称综合布线，它为了保持正常通信而使用光缆、铜缆将网络设备进行连接。工程包括线缆路由的选择、桥架设计、线缆及接插件的选型等。

本书第 2 章从组网技术出发，设计了 5 个任务。这 5 个任务从组建实际中小型园区网的角度让学生能够逐步熟悉和掌握网络工程项目的需求分析、组网规划与设计以及具体实施的配置。

2. 网络管理

网络组建完成后，对网络资源进行监视、测试、配置、分析、评价和控制的工作称为网络管理。特别地，如果网络中设备较多，需求较多的情况使得网络管理人员的工作量巨大。为了减轻网络管理人员的负担，使网络设备更易于集中管理和维护，通常使用网络管理软件对网络进行管理。

本书第 3 章主要以主流的网络管理协议 SNMP 为基础设计了 5 个任务。希望学生能通过这些任务的实现，理解和掌握网络管理协议 SNMP 的主要工作原理，并通过实际的编程更直观地了解和理解网络管理的工作原理。

3. 网络操作系统

在使用网络的日常工作中，接触最多的是网络操作系统。网络操作系统是测试、监控、运行及故障排除等工作实现的平台。因此，有必要掌握目前主要的网络操作系统的网络功能，以此熟悉不同网络操作系统的工作方式及习惯。

本书第 4 章设计了 5 个任务，包括网站搭建、FTP 服务器设置、DNS 服务配置等任务。

通过这些任务，学生能够对具体的网络应用配置及运行有更好地掌握。不同的网络环境使得这些网络服务的实现具有不同的配置步骤和管理方法，本章任务分别安排在 Red Hat Enterprise Linux 和 Windows Server 2008 R2 两种平台上进行配置实现。

4. 网络协议与编程实现

网络协议就是为不同设备、不同体系结构或不同平台的网络技术实现互连互通的网络功能集合。网络体系架构采用分层的思想将众多的网络协议分在不同层次。处于不同层次的网络协议只需要负责好自身的工作，并做好接口即可，不需要考虑其他层次的工作情况。这样使得网络体系架构更加明确且易于实现。

本书第 5 章在 TCP/IP 协议族的基础上设计了 4 个任务。任务通过编程实现常用的网络协议 TCP、UDP 及应用层的 FTP 等，使学生更好地理解和掌握网络协议的工作原理。

5. 网络安全技术

网络安全技术是指致力于解决诸如何有效地进行介入控制，以及如何保证数据传输的安全性的技术手段，主要包括物理安全分析技术、网络结构安全分析技术、系统安全分析技术、管理安全分析技术，及其他安全服务和安全机制策略。随着应用的日益广泛，网络安全已成为阻碍网络技术发展的关键问题之一。

目前网络安全技术主要包括虚拟网技术、防火墙技术、入侵检测技术、病毒防护技术、安全扫描技术、认证签名技术、VPN 技术和应用安全技术等。

本书第 6 章从网络攻击和防御两个方面设计了 7 个任务来介绍若干常见的网络攻击和防御技术。通过任务的实现希望学生能基本掌握网络攻防的特点和一些常用工具、方法，从而提高网络安全意识和故障处理能力。

第 2 章 网络工程技术

网络工程技术是计算机网络技术实践的基础，具有广泛的应用背景和就业前景。学习网络工程技术除了计算机网络技术的理论知识外，还需要通过不断积累实践经验，才能掌握这门技术。

本章首先介绍什么是网络工程技术，在此基础上针对网络工程实施的过程设计以下任务：
(1) 网络布线工程之双绞线电缆的制作；
(2) 网络布线工程之系统工程需求分析的撰写；
(3) 网络设备工程之静态路由协议配置；
(4) 网络设备工程之动态路由协议配置；
(5) 网络设备工程之交换机配置。

本章的难点在于系统工程需求分析的撰写。因为该部分内容的学习需要根据实际工作环境的情况进行分析与设计，但实际工作场景中有许多不确定因素，所以希望以本书为基础，在以后的学习、工作中不断地积累与改进，从而更好地掌握这门技术。

2.1 网络工程技术简介

计算机网络由多台计算机终端设备通过不同的网络连接设备相互连接，从而实现互连互通。网络工程技术就是指通过工程化的思想和方法来设计、实现以及解决计算机网络项目的实际问题，主要包括网络布线工程和网络设备工程两部分。

网络布线工程，也称为网络综合布线，是指为保持正常网络通信而用光缆、铜缆等网络介质将网络设备进行连接的技术。主要包括网络环境的实地勘探、网络组网方案的设计和论证、桥架设计、线缆及接插部件的选择、网络设备选型以及项目的具体施工等内容。

网络设备工程主要指在组网过程中网络设备的选择和实现，主要包括组网项目的需求分析、网络设备的选择、网络拓扑结构的规划设计及网络设备，特别是路由器与交换机、配置实现等方面的内容。

本章首先从网络布线工程中最基本的双绞线电缆的制作出发，接着以一个实际案例为基础介绍网络布线工程需求分析的撰写及要求，然后通过介绍路由器与交换机的组网配置实验让学生理解和掌握小型计算机网络如何实现联网。

2.2 任务一：双绞线电缆的制作

2.2.1 学习目标

通过该任务，学生应掌握以太网三种类型双绞线电缆的制作方法，并且在线缆制作后会使用测试工具对制作好的双绞线电缆进行连通性测试，以验证制作效果。同时，希望学生能在制作过程中学习线缆接头标准——EIA/TIA 568A 与 568B。

2.2.2 任务描述

根据提供的材料来制作三种线缆：直通双绞线、交叉双绞线和反转双绞线。主要材料有：双绞线1根(3米)、RJ-45接头(水晶头)若干、剥线钳、测试仪。制作时应注意：

(1) 剪线必须整齐，不能出现长短不一的情况；
(2) 剥线时不能使线缆外层绝缘层露出接头；
(3) 线序按要求连接正确；
(4) 线缆制作完成后，使用测试仪通过信号检测。

2.2.3 任务分析

制作双绞线首先需要确定线缆连接的设备：

(1) 如果连接同种设备，比如两台计算机直接相连，需要使用交叉双绞线；
(2) 如果是不同种设备的连接，比如计算机连接交换机，使用直通双绞线即可；
(3) 如果是计算机连接路由器或交换机控制接口(Console)，要制作反转双绞线。

不同类型的线缆连接时要按照不同的接头标准，此时需要正确掌握EIA/TIA 568A与568B标准。

使用测试仪的时候，掌握仪器上LED灯亮的含义。

整个任务的实现比较简单，需要注意的是，使用剥线钳时要掌握好力度，不是剪线，而是剥线。

2.2.4 相关知识

EIA/TIA 568 标准是由美国电子工业协会(Electronic Industries Association，EIA)在1991年制定的建筑物中通信配线系统标准。该标准是通信配线的通用工业标准，不同厂商必须按照这个标准生产通信配线线材、接口。

2.2.5 任务实现步骤

(1) 使用剥线钳剥去双绞线外皮，并将八根铜线剪齐后排列整齐，如图2-1所示。
(2) 双绞线制作。双绞线的制作包括直通线、交叉线和反转线三种，其线序按照 EIA/TIA 568A 和 EIA/TIA 568B 标准制作，如图2-2所示。图中，左边为568B标准，右边为568A标准。

图2-1 双绞线排列

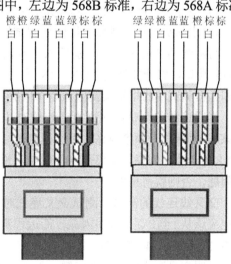

图2-2 双绞线线序

直通线(Cut-through)：又叫正线或标准线，两端采用568B标准，即两端都是同样的线序且一一对应。主要应用于如下场合：计算机连接至集线器或交换机时；一台集线器或交换机以 Up-Link 端口连接至另一台集线器或交换机的普通端口时；集线器或交换机与路由器的LAN端口连接时。568B 标准线序如图2-3所示。

交叉线(Crossover)：又叫反线，线序按照一端568A，一端568B的标准排列好。一般用于相同设备的连接，比如路由器和路由器、计算机和计算机之间；现在也有很多设备接口支持直通线，但建议还是使用交叉线。568A 标准线序如图2-4所示。

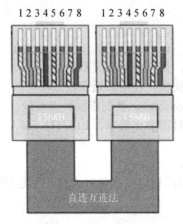

图2-3　直连互连法

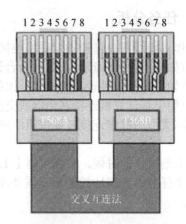

图2-4　交叉互连法

反转线(Rollover)：一端采用568A 或568B 做线标准，另一端把568A 或568B 的顺序完全从第一根到最后一根反过来。反转线虽然不是用来连接各种以太网部件的，但它可以用来实现从主机到路由器控制台串行通信端口的连接。标准568B 线序见表2-1。

表2-1　568B 线序

一端线序	橙白	橙	绿白	蓝	蓝白	绿	棕白	棕
另一端线序	棕	白棕	绿	白蓝	蓝	白绿	橙	白橙

(3) 线序排列好后，将双绞线放入水晶头中，并用压线钳压紧水晶头。

(4) 水晶头制作完成后，用网线测试仪(图2-5)测试其连通性，其具体步骤如下。

将网线两端的水晶头分别插入主测试仪和远程测试端的 RJ-45 端口，将开关拨到"ON"(S 为慢速挡)，这时主测试仪和远程测试端的指示头就应该逐个闪亮。

直通连线的测试：测试直通连线时，主测试仪的指示灯应该从1到8逐个顺序闪亮，而远程测试端的指示灯也应该从1到8逐个顺序闪亮。如果是这种现象，说明直通线的连通性没问题，否则就得重做。

交叉线连线的测试：测试交叉连线时，主测试仪的指示灯也应该从1到8逐个顺序闪亮，而远程测试端的指示灯应该是按 3、6、1、4、5、2、7、8 的顺序逐个闪亮。如果是这样，说明交叉连线连通性没问题，否则就得重做。

图2-5　网线测试仪

若网线两端的线序不正确,主测试仪的指示灯仍然从 1 到 8 逐个闪亮,只是远程测试端的指示灯将按着与主测试端连通的线号的顺序逐个闪亮。也就是说,远程测试端不能按照上述两种顺序依次闪亮。

2.3 任务二:系统工程需求分析的撰写

2.3.1 学习目标

通过学习本节使学生掌握以下内容:
(1)综合布线系统工程的需求分析的内容;
(2)掌握进行综合布线系统工程的需求分析的方法;
(3)能进行综合布线系统工程的需求分析;
(4)能根据需求分析设计项目并满足设计原则。

2.3.2 任务描述

综合布线系统需求分析报告由学生根据综合系统工程案例进行需求分析的设计与撰写,应能满足以下要求。
(1)实际需求应满足当前需要,但也应有一定发展空间。
(2)需求分析时要求从总体规划,全面兼顾。
(3)根据调查收集到的基础资料和了解的工程建设项目的情况,初步得到综合布线系统工程所需的用户信息,其数据可作为设计时的参考依据。
(4)将初步得到的用户信息提供给建设单位或有关部门共同商讨,广泛听取意见。
(5)参照以往其他类似工程设计中的有关数据和计算指标,结合现场的调查情况,分析测试结果与现场实际是否相符,特别要避免项目丢失或发生重大错误。

当然,如果有条件,可组织学生对自身生活周边的综合布线系统进行实地调研,根据实际情况设计和撰写项目需求报告。特别需要注意的是实际环境中的施工细节,如引脚的设计、故障的排查等。

2.3.3 任务分析

要完成需求分析报告,调研是基础,如果是按照给出的案例进行调研,则要注意案例中细节的描述;如果是进行实地调研,则要注意掌握不同的调研方法来搜集信息。

调研时搜集信息的多少是决定任务完成质量的关键,因此在调研阶段应尽可能地从不同方面和角度来分析信息,做到细心、耐心。

2.3.4 相关知识

系统需求报告的一般设计原则如下。
(1)实用性:实施后的楼宇自动化系统及其所有的子系统的通信线路和接口都满足国际标准。具有良好的用户使用界面,并且网络管理功能完善、使用方便,也降低了对整个校园网长久的运行花费,从而取得良好的远期经济效益。

(2)灵活性:系统中任何一部分的连接都是灵活的,即从物理连接到数据通信、语音通信、智能控制设备之间的连接都不受或极少受物理位置和这些设备类型的限制,这样一来减少了对传统管路的需求,信息口设备合理,可即插即用,同时提供了一种结构化的设计来实现与管理这一系统。系统还采用积木式模块组合和结构化设计,使系统配置灵活,可满足学校逐步到位的建网原则,使网络具有强大的可增长性和强壮性。

(3)开放性:系统设计应采用开放技术、开放结构、开放系统组件和开放用户接口,以利于网络的维护、扩展升级及外界信息的沟通。

(4)发展性:网络规划设计既要满足用户发展在配置上的预留,又要满足因技术发展需要而实现低成本扩展和升级的需求。

(5)可靠性:系统中的各个部分都采用高质量的材料、组部件设备实现,同时系统具有容错功能,管理与维护方便。方案的设计、选型、安装与调试等各个环节进行统一规划和分析,确保系统运行可靠。

(6)先进性:先进的设计思想、网络结构、开发工具、市场覆盖率高、标准化和技术成熟的软硬件产品。

2.3.5 任务实现步骤

1. 需求分析的内容

为了使综合布线系统更好地满足用户的要求,除了在系统设备和布线部件的技术性能及产品质量方面要有保证外,更主要的是要能适应用户信息在业务种类、具体数量以及位置等各方面的变化和增长的需要。为此,在综合布线系统工程规划和设计之前,必须对用户信息需求进行调查和预测,这也是建设规划、工程设计和以后维护管理的重要依据之一。

通过对用户实施综合布线系统的相关建筑物进行实地考察,由用户提供建筑工程图,从而了解相关建筑的结构,分析施工难易程度,并估算大致费用。需了解的其他数据包括中心机房的位置、信息点数、信息点与中心机房的最远距离、电力系统状况以及建筑物的情况等。

一般来说,综合布线系统工程需求分析的内容主要包括以下三个方面。

(1)根据造价、建筑物间的距离和带宽要求确定光缆的芯数和种类。

(2)根据用户建筑楼群间的距离,马路隔离情况,电线杆、地沟和道路状况,将建筑楼群间光缆的敷设分为架空、直埋或是地下管道敷设等方式。

(3)对各建筑物的信息点进行统计,以确定室内布线方式和配线间的位置。建筑物楼层较低、规模较小、信息点数不多时,只要所有的信息点距设备间的距离均在90m以内,信息点的布线就可直通配线间;建筑物楼层较高、规模较大、点数较多时,有些信息点距主配线间的距离超过90m时,可采用信息点到中间配线间、中间配线间到主配线间的分布式综合布线系统。

综合布线是一种模块化的、灵活性极高的建筑物内或建筑群之间的信息传输通道,既能使语音、数据、图像设备和交换设备与其他信息管理系统彼此相连,也能使这些设备与外部网络相连接;同时,还包括建筑物外部网络线路的连接点与应用系统设备之间的所有线缆及相关的连接部件。综合布线由不同系列和规格的部件组成,其中包括传输介质、相关连接硬件(如配线架、连接器、插座、插头、适配器)以及电气保护设备等。

2. 需求分析的方法

(1) 直接与用户交谈。直接与用户交谈是了解用户需求信息最简单、最直接的方式。

(2) 问卷调查。通过请用户填写问卷获取有关需求信息也是一种很好的方式。

(3) 专家咨询。有些需求用户讲不清楚，分析人员又无法理解，这时需要请教相关专家。

(4) 吸取经验教训。有很多需求可能用户与分析人员都没有想到，或者想得太简单。因此，要经常分析优秀的综合布线工程方案，吸取优点，避免缺点的再次发生。

3. 需求案例——学生宿舍区综合布线系统需求

1) 总体需求结构

在布线系统的组成结构上，根据某大学学生宿舍区的实际情况和设计要求，本综合布线系统按下列五个部分进行设计：工作区子系统、水平子系统、管理子系统（楼层分配线架）、干线子系统、设备间子系统（主配线架）。

根据设计要求，一共5层，每层36间，每间有4个数据点，1个语音点。数据点共计720个，语音点共计180个。信息点的分布如表2-2所示。

表2-2 信息点的分布

楼层	数据点	语音点	合计
1F	144	36	180
2F	144	36	180
3F	144	36	180
4F	144	36	180
5F	144	36	180
共计	720	180	900

2) 子系统的配置

工作区、水平线缆类型：网络发展速度非常迅猛，虽然目前到桌面100Mb/s的传输速率已可以满足现在及短期内的需求，但千兆到桌面也日趋成熟，未来几年千兆到桌面将会成为主流，因此我们在数字网络水平线缆的选择上采用了六类4对UTP线缆及六类非屏蔽插座模块，整个水平信道提供250MHz以上的带宽，配合千兆以太网交换机，完全可以满足传输1000Mb/s速率的需求。

语音及VOD点采用同种超五类布线，可以满足语音、VOD点通信要求，还具有一定的扩展功能，以及与数据点之间的灵活互换的功能。

垂直主干类型：语音主干采用五类大对数UTP线缆完全可以满足。数据主干采用6芯多模室内光纤。多模光纤频带较宽，传输容量较大，目前采用的 $50/125\mu m$ 多模光纤数据传输速率为100Mb/s时，最大距离可以到2km，传输带宽10G时最大距离可达550m。采用多模万兆光纤及千兆以太网交换机完全可以满足主干传输千兆的需求，并且为今后升级到万兆网络提供物理平台。

管理间（分配线间）位置：根据提供的建筑平面图，我们将设备间设在干线综合体的中间位置，即学生公寓楼的第三层（路由最短），同时遵循不能与用水设备间、卫生间相邻或在其楼下的原则。在首层设一配电间，2～5层各设一强、弱电竖井。

设备间位置：参照设计要求及平面、系统图纸，案例中学生宿舍的计算机主机房设在三层。

机柜的选择：为保证网络及布线设备的安全和其便于维护管理的特点，我们在各区各层管理间选择 19 英寸标准机柜。

配线架的选择：连接语音主干及水平的配线架我们选择交叉连接配线架（110 系列）；连接数据及视频点播的配线架选择 24 口六类非屏蔽的模块式配线架。

光缆配线架的选择：为便于管理，在管理间、设备间选择 19 英寸机柜型光纤配线架用于连接室内多模光纤。

3）设备要求

根据设计要求及技术条件，设备选型如下。

(1) 水平信息线缆：采用超 5 类 4 对非屏蔽双绞线。
(2) 建筑群间连接线缆：采用六芯多模光纤。
(3) 配线架：数据采用超 5 类快接式配线架。
(4) 信息出口：采用超 5 类 568B 模块。
(5) 工作区面板：采用国际 86 系统标准面板。

2.4　任务三：静态路由协议配置

2.4.1　学习目标

通过学习本节使学生了解和掌握以下内容：
(1) 路由表的概念；
(2) ip route 命令的使用；
(3) 根据需求正确配置静态路由；
(4) 默认路由的使用场合；
(5) 默认路由的配置；
(6) 配置 ip classless。

2.4.2　任务描述

静态路由配置环境见图 2-6，图中三台路由器分别命名为 R1、R2 和 R3，采用的是线性连接，有如下要求：
(1) 路由器的接口配置不同的网段；
(2) 每台路由器均包含本地网络（这里可用本地测试接口 loopback）；
(3) 每个接口均能连接到其他接口，即使用 ping 命令连通。

图 2-6　静态路由配置

默认路由配置拓扑见图 2-7，图中两台路由器通过串行口连接，分别命名为 R1 和 R2，有如下要求：

(1) 每台路由器均包含本地网络(也可使用 loopback);
(2) 每台路由器的 s0/0/0 接口配置默认路由;
(3) 每个接口均能连接到其他接口,即使用 ping 命令连通。

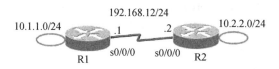

图 2-7　默认路由配置

2.4.3　任务分析

静态路由的实现首先要做好 IP 地址的规划,在任务拓扑图中包括每台路由器连接的本地网段,一共要设计 5 个网段,如表 2-3 所示。

表 2-3　网段说明

网段	说明
1.1.1.1/24	R1 所连接的本地网
2.2.2.2/24	R2 所连接的本地网
3.3.3.3/24	R3 所连接的本地网
192.168.12.0/24	R1 和 R2 组成的网段
192.168.23.0/24	R2 和 R3 组成的网段

网段配置时应注意是在哪个接口配置的,即做好路由器真机背板接口连线的标识。为使 R1 和 R3 连通,需要在各自的接口配置静态路由。

默认路由的配置与静态路由类似,但要注意在实际环境中原有 IP 配置的处理。

2.4.4　相关知识

路由器在转发数据时,要先在路由表(Routing Table)中查找相应的路由。路由器有以下 3 种途径建立路由。

直连网络:路由器自动添加和自己直接连接的网络的路由。

静态路由:管理员手动输入到路由器的路由。

动态路由:由路由协议(Routing Protocol)动态建立的路由。

静态路由是指由用户或网络管理员手工配置的路由信息。静态路由的配置包括静态路由配置、默认路由配置以及 ip classless 三个部分。当网络的拓扑结构或链路的状态发生变化时,网络管理员需要手工修改路由表中相关的静态路由信息。静态路由信息在缺省情况下是私有的,不会传递给其他的路由器。当然,网管员也可以通过对路由器进行设置使之成为共享的。

配置静态路由的命令为"ip route",其命令格式如下:

```
ip route 目的网络 掩码 {网关地址 | 接口}
```

例子:ip route 192.168.1.0 255.255.255.0 s0/0
　　　ip route 192.168.1.0 255.255.255.0 12.12.12.2

注意:在配置静态路由时,如果链路是点到点的链路(如 PPP 封装链路),采用网关地址和接口都是可以的；然而如果是多路访问的链路(如以太网)，则只能采用网关地址，即不能写成：ip route 192.168.1.0 255.255.255.0 f0/0。

默认路由是指路由器在路由表中找不到到达目的地的具体路由时，最后会采用的路由。默认路由通常会在存根网络(Stub Network，即只有一个出口的网络)中使用。如图 2-8 所示，图中左边的网络到 Internet 上只有一个出口，因此可以在 R2 上配置默认路由，命令为 ip route 0.0.0.0 0.0.0.0 {网关地址 | 接口}。

例子：ip route 0.0.0.0 0.0.0.0 s0/0

　　　 ip route 0.0.0.0 0.0.0.0 12.12.12.2

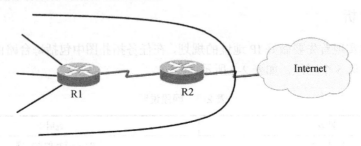

图 2-8　默认路由使用环境

在图 2-9 中，如果在 R1 上配置了默认路由 ip route 0.0.0.0 0.0.0.0 s0/0/0，那么路由器 R1 是否会把到达 10.2.2.0/24 网络的数据从 s0/0/0 接口发送出去将取决于是否执行了"ip classless"命令，如果执行了"ip classless"命令(实际上这是默认值)，则路由器存在默认路由时，所有在路由表中查不到具体路由的数据包将通过默认路由发送。

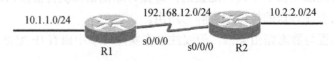

图 2-9　ip classless 使用环境

如果执行了"no ip classless"命令，当路由器存在一主类网络的某一子网路由时，路由器将认为自己已经知道该主类网络的全部子网的路由，这时即使存在默认路由，到达该主类任一子网的数据包不会通过默认路由发送。在图中，执行了"no ip classless"命令后，由于路由器 R1 上有 10.0.0.0 的子网 10.1.1.0/24(这是直连路由)，因此路由器 R1 收到到达 10.2.2.0/24 子网的数据包不会使用默认路由进行发送。然而，如果数据包是要到达 20.2.2.0/24 的，默认路由会被采用，因为 R1 没有任何 20.0.0.0 子网的路由。

2.4.5　任务实现步骤

1. 静态路由

实验拓扑采用图 2-6 所示路由配置。

(1)各路由器上的 IP 地址保证直连链路的连通性。

路由器 R1 的配置：

```
R1(config)#int loopback0
R1(config-if)#ip address 1.1.1.1 255.255.255.0
```

```
R1(config)#int s0/0/0
R1(config-if)#ip address 192.168.12.1 255.255.255.0
R1(config-if)#no shutdown
```

路由器 R2 的配置：

```
R2(config)#int loopback0
R2(config-if)#ip address 2.2.2.2 255.255.255.0
R2(config)#int s0/0/0
R2(config-if)#clock rate 128000
R2(config-if)#ip address 192.168.12.2 255.255.255.0
R2(config-if)#no shutdown
R2(config)#int s0/0/1
R2(config-if)#clock rate 128000
R2(config-if)#ip address 192.168.23.2 255.255.255.0
R2(config-if)#no shutdown
```

路由器 R3 的配置：

```
R3(config)#int loopback0
R3(config-if)#ip address 3.3.3.3 255.255.255.0
R3(config)#int s0/0/1
R3(config-if)#clock rate 128000
R3(config-if)#ip address 192.168.23.1 255.255.255.0
R3(config-if)#no shutdown
```

(2) 在路由器上配置静态路由。

路由器 R1 的配置：

```
R1(config)#ip route 2.2.2.0 255.255.255.0 s0/0/0
//下一跳为接口形式，s0/0/0 是点对点的链路，注意：应该是 R1 上的 s0/0/0
R1(config)#ip route 3.3.3.0 255.255.255.0 192.168.12.2
//下一跳为 IP 地址形式，192.168.12.2 是 R2 上的 IP 地址
```

路由器 R2 的配置：

```
R2(config)#ip route 1.1.1.0 255.255.255.0 s0/0/0
R2(config)#ip route 3.3.3.0 255.255.255.0 s0/0/1
```

路由器 R3 的配置：

```
R3(config)#ip route 1.1.1.0 255.255.255.0 s0/0/1
R3(config)#ip route 2.2.2.0 255.255.255.0 s0/0/1
```

(3) 在 R1、R2、R3 上查看路由表。

```
R1#show ip route
Codes: C - connected, S - static, R - RIP, M - mobile, B - BGP
       D - EIGRP, EX - EIGRP external, O - OSPF, IA - OSPF inter area
       N1 - OSPF NSSA external type 1, N2 - OSPF NSSA external type 2
       E1 - OSPF external type 1, E2 - OSPF external type 2
       i - IS-IS, SU - IS - IS summary, L1 - IS-IS level-1, L2 - IS-IS level-2,
       ia - IS-IS inter area
       * - candidate default, U - per-user static route, o - ODR
       P - periodic downloaded static route
```

```
Gateway of last resort is not set
C    192.168.12.0/24 is directly connected, Serial0/0/0
     1.0.0.0/24 is subnetted, 1 subnets
C    1.1.1.0 is directly connected, Loopback0
     2.0.0.0/24 is subnetted, 1 subnets
S    2.2.2.0 is directly connected, Serial0/0/0
     3.0.0.0/24 is subnetted, 1 subnets
S    3.3.3.0 [1/0] via 192.168.12.2

R2#show ip route
Codes: C - connected, S - static, R - RIP, M - mobile, B - BGP
       D - EIGRP, EX - EIGRP external, O - OSPF, IA - OSPF inter area
       N1 - OSPF NSSA external type 1, N2 - OSPF NSSA external type 2
       E1 - OSPF external type 1, E2 - OSPF external type 2
       i - IS-IS, SU - IS - IS summary, L1 - IS-IS level-1, L2 - IS-IS level-2,
       ia - IS-IS inter area
       * - candidate default, U - per-user static route, o - ODR
       P - periodic downloaded static route
Gateway of last resort is not set
C    192.168.12.0/24 is directly Connected, serial0/0/0
     1.0.0.0/24 is subnetted, /subnets
S    1.1.1.0 is directlg connected,Serial0/0/0
     2.0.0/24 is subnetted,/subnets
C    2.2.2.0 is directly Connected,Loopback0
     3.0.0.0/24 is subnetted,/subnets
S    3.3.3.0 is directly Connected,Serial0/0/1
C    192.168.23.0/24 is directly Connected,Serial0/0/1

R3#show ip route
Codes: C - connected, S - static, R - RIP, M - mobile, B - BGP
       D - EIGRP, EX - EIGRP external, O - OSPF, IA - OSPF inter area
       N1 - OSPF NSSA external type 1, N2 - OSPF NSSA external type 2
       E1 - OSPF external type 1, E2 - OSPF external type 2
       i - IS-IS, SU - IS - IS summary, L1 - IS-IS level-1, L2 - IS-IS level-2,
       ia - IS-IS inter area
       * - candidate default, U - per-user static route, o - ODR
       P - periodic downloaded static route
Gateway of last resort is not set
     1.0.0.0/24 is subnetted, 1 subnets
S    1.1.1.0 is directly connected, Serial0/0/1
     2.0.0.0/24 is subnetted, 1 subnets
S    2.2.2.0 is directly connected, Serial0/0/1
     3.0.0.0/24 is subnetted, 1 subnets
C    3.3.3.0 is directly connected, Loopback0
C    192.168.23.0/24 is directly connected, Serial0/0/1
```

2. 默认路由

实验拓扑采用图 2-7 所示路由配置，建立在静态路由配置的基础上。

步骤 1：在 R1 和 R3 上删除原有静态路由。

```
R1(config)#no ip route 2.2.2.0 255.255.255.0 s0/0/0
//要删除路由，在原有命令前面加 no 即可
R1(config)#no ip route 3.3.3.0 255.255.255.0 192.168.12.2

R3(config)#no ip route 1.1.1.0 255.255.255.0 s0/0/1
R3(config)#no ip route 2.2.2.0 255.255.255.0 s0/0/1
```

步骤 2：在 R1 和 R3 上配置默认路由。

```
R1(config)#ip route 0.0.0.0 0.0.0.0 s0/0/0
R3(config)#ip route 0.0.0.0 0.0.0.0 s0/0/1
```

实验调试：从各路由器的环回口 ping 其他路由器的环回口。

3. ip classless

实验拓扑采用图 2-7 所示路由配置。

步骤 1：执行"ip classless"命令。

```
R1(config)#interface loopback0
R1(config-if)#ip address 10.1.1.1 255.255.255.0
R1(config)#interface Serial0/0/0
R1(config-if)#ip address 192.168.12.1 255.255.255.0
R1(config-if)#no shutdown
R1(config)#ip classless
R1(config)#ip route 0.0.0.0 0.0.0.0 Serial0/0/0
//以上配置了默认路由,同时打开"ip classless"，默认就是打开的
R2(config)#interface loopback0
R2(config-if)#ip address 10.2.2.2 255.255.255.0
R2(config)#interface Serial0/0/0
R2(config-if)#no shutdown
R2(config-if)#ip address 192.168.12.2 255.255.255.0
R2(config-if)#clock rate 128000
R2(config)#ip classless
R2(config)#ip route 10.1.1.0 255.255.255.0 Serial0/0/0
//测试从 R1 ping R2 的 loopback 0 接口
R1#ping 10.2.2.2
Type escape sequence to abort.
Sending 5, 100-byte ICMP Echos to 10.2.2.2, timeout is 2 seconds:
!!!!!
Success rate is 100 percent (5/5), round-trip min/avg/max = 1/2/4 ms
//可以 ping 通
```

步骤 2：执行"no ip classless"命令。

```
R1(config)#no ip cef
//关闭 ip cef,防止影响测试
R1(config)#no ip classless
R1#ping 10.2.2.2
Type escape sequence to abort.
Sending 5, 100-byte ICMP Echos to 10.2.2.2, timeout is 2 seconds:
...
Success rate is 0 percent (0/5)
//可以看到,R1 虽然存在默认路由,也不能 ping 通 R2 的 loopback 0接口
```

2.5 任务四：动态路由协议配置

2.5.1 学习目标

通过学习本节使学生了解和掌握以下内容：
(1) 在路由器上启动 RIP 路由进程；
(2) 启用参与路由协议的接口，并且通告网络；
(3) 理解路由表的含义；
(4) 查看和调试 RIP 路由协议相关信息；
(5) 在路由器上的 OSPF 路由进程；
(6) 启用参与路由协议的接口，并且通告网络及所在的区域；
(7) 点到点链路上的 OSPF 特征；
(8) 查看和调试 OSPF 路由协议相关信息。

2.5.2 任务描述

该任务按不同的动态路由协议分别进行。任务的结果都是能够使得处于不同网段的路由器接口相互连通。

首先，学习比较基础的 RIP 路由配置，见图 2-10。图中四台路由器分别命名为R1~R4，并排成线性拓扑。IP 地址规划类似任务三的静态路由规划，见表 2-3，在其基础上增加 R3 与 R4 的网段以及 R4 的本地网段。

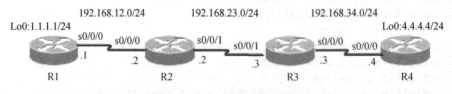

图 2-10 RIP 路由配置拓扑

在 RIP 配置中，RIP 与 RIPv2 配置基本类似，但由于 RIPv2 增加了安全性，所以要配置 RIPv2 的认证和触发更新。

接下来配置单区域 OSPF，包括点到点链路和广播多路访问链路两种环境，见图 2-11 和图 2-12。在图 2-11 中，由于是广播链路，所以所有路由器处于同一个网段 192.168.1.0/24 中。注意图中所示接口 g0/0 可用 f0/0 替代。

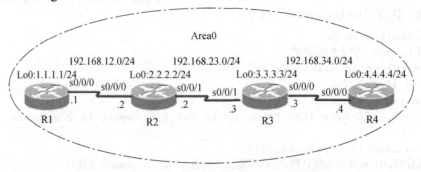

图 2-11 点到点链路的 OSPF 路由配置拓扑

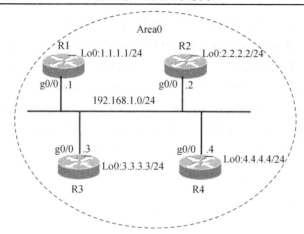

图 2-12　广播多路访问链路的 OSPF 路由配置拓扑

最后，实现多区域 OSPF 的路由器的连通，其拓扑图见图 2-13。图中，IP 规划与图 2-10 相同。由于是多区域，因此需要划分区域。图中 R1 和 R2 划分为区域 1(Area1)，R2 和 R3 为区域 0(Area0)，R3 与 R4 是区域 2(Area2)。

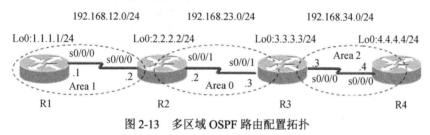

图 2-13　多区域 OSPF 路由配置拓扑

2.5.3　任务分析

本任务的内容比较多，且一些实验的拓扑图相似，因此在配置时要注意区分不同的实验。RIP 和 RIPv2 的基本配置比较简单，从其入手到最后比较复杂的多区域 OSPF 是比较合适的，不要跳过而直接操作后面的实验。

在 RIPv2 的认证与触发更新实验中，要记住认证的过程，即钥匙链的配置：钥匙链启用→配置 Key ID→配置 Key ID 密钥→进入接口开启认证。

单区域 OSPF 的配置也比较简单，而多区域的配置要注意多区域的划分。

2.5.4　相关知识

动态路由协议主要包括距离向量路由协议和链路状态路由协议两种。

路由信息协议(Routing Information Protocol，RIP)是使用最广泛的距离微向量路由协议。RIP 是由 Xerox 在 20 世纪 70 年代开发的，最初定义在 RFC 1058 中。RIP 分为版本 1 和版本 2。

RIP 是为小型网络环境设计的，因为这类协议是路由学习及路由更新，将产生较大的流量，占用过多的带宽。RIP 中路由器不知道网络的全局情况，如果路由更新在网络上传播慢，将会导致网络收敛慢，造成路由环路。为了避免路由环路，RIP 采用水平分割、毒性逆转、定义最大跳数、闪式更新和抵制计时 5 个机制来避免路由环路。

开放最短链路优先(Open Shortest Path First，OSPF)路由协议是典型的链路状态路由协议。OSPF 由 IETF 在 20 世纪 80 年代末期开发，OSPF 是 SPF 类路由协议中的开放式版本。

最初的 OSPF 规范体现在 RFC 1131 中，被称为 OSPF 版本 1，但是版本 1 很快被进行了重大改进的版本所代替。这个新版本体现在 RFC 1247 文档中，被称为 OSPF 版本 2。该版本是为了明确指出其在稳定性和功能性方面的实质性改进。这个 OSPF 版本有许多更新文档，第一个更新都是对开放标准的精心改进；接下来的一些规范出现在 RFC 1583 和 RFC 2328 中。OSPF 版本 3 是针对 IPv6 的。

2.5.5 任务实现步骤

1. RIPv1 基本配置

实验拓扑图如图 2-10 所示。

步骤 1：配置路由器 R1。

```
R1(config)#router rip                    //启动 RIP 进程
R1(config-router)#version 1              //配置 RIP 版本 1
R1(config-router)#network 1.0.0.0        //通告网络
R1(config-router)#network 192.168.12.0
```

步骤 2：配置路由器 R2。

```
R2(config)#router rip
R2(config-router)#version 1
R2(config-router)#network 192.168.12.0
R2(config-router)#network 192.168.23.0
```

步骤 3：配置路由器 R3。

```
R3(config)#router rip
R3(config-router)#version 1
R3(config-router)#network 192.168.23.0
R3(config-router)#network 192.168.34.0
```

步骤 4：配置路由器 R4。

```
R4(config)#router rip
R4(config-router)#version 1
R4(config-router)#network 192.168.34.0
R4(config-router)#network 4.0.0.0
```

实验调试。

```
R1#show ip route
Codes: C - connected, S - static, R - RIP, M - mobile, B - BGP
       D - EIGRP, EX - EIGRP external, O - OSPF, IA - OSPF inter area
       N1 - OSPF NSSA external type 1, N2 - OSPF NSSA external type 2
       E1 - OSPF external type 1, E2 - OSPF external type 2
       i - IS-IS, L1 - IS-IS level-1, L2 - IS-IS level-2, ia - IS-IS inter area
       * - candidate default, U - per-user static route, o - ODR
       P - periodic downloaded static route
```

```
Gateway of last resort is not set
    1.0.0.0/24 is subnetted, 1 subnets
C    1.1.1.0 is directly connected, Loopback0
R    4.0.0.0/8 [120/3] via 192.168.12.2, 00:00:06, Serial0/0/0
C    192.168.12.0/24 is directly connected, Serial0/0/0
R    192.168.23.0/24 [120/1] via 192.168.12.2, 00:00:06, Serial0/0/0
R    192.168.34.0/24 [120/2] via 192.168.12.2, 00:00:06, Serial0/0/0
```

以上输出表明路由器 R1 学到了 3 条 RIP 路由，其中路由条目

```
R 4.0.0.0/8 [120/3] via 192.168.12.2, 00;00;03, Serial0/0/0
```

信息的含义如下：

R：路由条目是通过 RIP 学习来的。

4.0.0.0/8：目的网络。

120：RIP 路由协议的默认管理距离。

3：度量值，从路由器 R1 到达网络 4.0.0.0/8 的度量值为 3 跳。

192.168.12.2：下一跳地址。

00;00;03：距离下一次更新还有 27(30-3)s。

Serial0/0/0：接收该路由条目的本路由器的接口。

同时通过该路由条目的掩码长度可以看到，RIPv1 确实不传递子网信息。使用命令 show ip protocol 来查看路由协议配置和统计信息。

```
R1#show ip protocols
Routing Protocol is "rip"
//路由器上运行的路由协议是 RIP
Sending updates every 30 seconds, next due in 24 seconds
//更新周期是 30 秒，距离下次更新还有 23 秒
Invalid after 180 seconds, hold down 180, flushed after 240
Outgoing update filter list for all interfaces is not set
//在出方向上没有设置过滤列表
Incoming update filter list for all interfaces is not set
//在入方向上没有设置过滤列表
Redistributing: rip
Default version control: send version 1, receive 1
  Interface           Send  Recv  Triggered RIP  Key-chain
  Loopback0           1     1
  Serial0/0/0         1     1
Automatic network summarization is in effect
Maximum path: 4
Routing for Networks:
        1.0.0.0
        192.168.12.0
Passive Interface(s):
Routing Information Sources:
        Gateway         Distance    Last Update
        192.168.12.2    120         00:00:22
Distance: (default is 120)
```

使用 debug ip rip 命令查看 RIP 的动态更新过程。

```
R1#clear ip route *
R1#debug ip rip
RIP protocol debugging is on
R1#RIP: sending v1 update to 255.255.255.255 via Loopback0 (1.1.1.1)
RIP: build update entries
    network 192.168.12.0 metric 1
RIP: sending v1 update to 255.255.255.255 via Serial0/0/0 (192.168.12.1)
RIP: build update entries
    network 1.0.0.0 metric 1
RIP: received v1 update from 192.168.12.2 on Serial0/0/0
    4.0.0.0 in 3 hops
    192.168.23.0 in 1 hops
    192.168.34.0 in 2 hops
RIP: sending v1 update to 255.255.255.255 via Loopback0 (1.1.1.1)
RIP: build update entries
    network 4.0.0.0 metric 4
    network 192.168.12.0 metric 1
    network 192.168.23.0 metric 2
    network 192.168.34.0 metric 3
```

通过以上输出，可以看到 RIPv1 采用广播更新 (255.255.255.255)，分别向 Loopback 0 和 s0/0/0 发送路由更新，同时从 s0/0/0 接收 3 条路由更新，分别是 192.168.34.0，度量值是 3 跳；192.168.23.0，度量值是 2 跳；192.168.12.0，度量值是 1 跳。

2. RIPv2 基本配置

实验拓扑图如图 2-10 所示。

步骤 1：配置路由器 R1。

```
R1(config)#router rip
R1(config-router)#version 2
R1(config-router)#no auto-summary
R1(config-router)#network 1.0.0.0
R1(config-router)#network 192.168.12.0
```

步骤 2：配置路由器 R2。

```
R2(config)#router rip
R2(config-router)#version 2
R3(config-router)#no auto-summary
R2(config-router)#network 192.168.12.0
R2(config-router)#network 192.168.23.0
```

步骤 3：配置路由器 R3。

```
R3(config)#router rip
R3(config-router)#version 2
R3(config-router)#no auto-summary
R3(config-router)#network 192.168.23.0
R3(config-router)#network 192.168.34.0
```

步骤 4：配置路由器 R4。

```
R4(config)#router rip
R4(config-router)#version 2
R4(config-router)#no auto-summary
R4(config-router)#network 192.168.34.0
R4(config-router)#network 4.0.0.0
```

实验调试。

```
R1#show ip route
Codes: C - connected, S - static, I - IGRP, R - RIP, M - mobile, B - BGP
       D - EIGRP, EX - EIGRP external, O - OSPF, IA - OSPF inter area
       N1 - OSPF NSSA external type 1, N2 - OSPF NSSA external type 2
       E1 - OSPF external type 1, E2 - OSPF external type 2, E - EGP
       i - IS-IS, L1 - IS-IS level-1, L2 - IS-IS level-2, ia - IS-IS inter area
       * - candidate default, U - per-user static route, o - ODR
       P - periodic downloaded static route

Gateway of last resort is not set
    1.0.0.0/24 is subnetted, 1 subnets
C      1.1.1.0 is directly connected, Loopback0
R    4.0.0.0/8 [120/3] via 192.168.12.2, 00:00:18, Serial0/0/0
C    192.168.12.0/24 is directly connected, Serial0/0/0
R    192.168.23.0/24 [120/1] via 192.168.12.2, 00:00:18, Serial0/0/0
R    192.168.34.0/24 [120/2] via 192.168.12.2, 00:00:18, Serial0/0/0
//输出的路由条目"4.4.4.0/24",可以看到RIPv2路由更新是携带子网信息的
//RIPv2默认情况下只接收和发送版本2的路由更新
R1#show ip protocols
Routing Protocol is "rip"
Sending updates every 30 seconds, next due in 28 seconds
Invalid after 180 seconds, hold down 180, flushed after 240
Outgoing update filter list for all interfaces is not set
Incoming update filter list for all interfaces is not set
Redistributing: rip
Default version control: send version 2, receive 2
  Interface          Send  Recv  Triggered RIP  Key-chain
  Loopback0          2     2
  Serial0/0/0        2     2
Automatic network summarization is not in effect
Maximum path: 4
Routing for Networks:
    1.0.0.0
    192.168.12.0
Passive Interface(s):
Routing Information Sources:
    Gateway       Distance     Last Update
    192.168.12.2     120       00:00:05
Distance: (default is 120)
```

3. RIPv2 认证和触发更新

实验拓扑图如图 2-10 所示。

步骤 1：配置路由器 R1。

```
R1(config)#key chain test          //配置钥匙链
R1(config-keychain)#key 1          //配置Key ID
R1(config-keychain-key)#key-string cisco         //配置Key ID的密匙
R1(config)#interface s0/0/0
R1(config-if)#ip rip authentication mode text
//启用认证,认证模式为明文,默认认证模式就是明文,所以也可以不用指定
R1(config-if)#ip rip authentication key-chain test   //在接口上调用钥匙链
R1(config-if)#ip rip triggered                       //在接口上启用触发更新
```

步骤2：配置路由器R2。

```
R2(config)#key chain test
R2(config-keychain)#key 1
R2(config-keychain-key)#key-string cisco
R2(config)#interface s0/0/0
R2(config-if)#ip rip triggered
R2(config-if)#ip rip authentication key-chain test
R2(config)#interface s0/0/1
R2(config-if)#ip rip authentication key-chain test
R2(config-if)#ip rip triggered
```

步骤3：配置路由器R3。

```
R3(config)#key chain test
R3(config-keychain)#key 1
R3(config-keychain-key)#key-string cisco
R3(config)#interface s0/0/0
R3(config-if)#ip rip authentication key-chain test
R3(config-if)#ip rip triggered
R3(config)#interface s0/0/1
R3(config-if)#ip rip authentication key-chain test
R3(config-if)#ip rip triggered
```

步骤4：配置路由器R4。

```
R4(config)#key chain test
R4(config-keychain)#key 1
R4(config-keychain-key)#key-string cisco
R4(config)#interface s0/0/0
R4(config-if)#ip rip authentication key-chain test
R4(config-if)#ip rip triggered
```

实现MD5认证。

```
R1(config)#key chain test          //定义钥匙链
R1(config-keychain)#key 1
R1(config-keychain-key)#key-string cisco
R1(config)#interface s0/0/0
R1(config-if)#ip rip authentication mode md5
R1(config-if)#ip rip authentication key-chain test
```

其他的配置和明文认证相同，这里不再赘述。

实验调试。

```
R2#show ip protocols
```

第 2 章　网络工程技术

```
Routing Protocol is "rip"
  Outgoing update filter list for all interfaces is not set
  Incoming update filter list for all interfaces is not set
  Sending updates every 30 seconds, next due in 4 seconds
  Invalid after 180 seconds, hold down 0, flushed after 240
//由于触发更新，hold down 计时器自动为 0
  Redistributing: rip
  Default version control: send version 2, receive version 2
    Interface            Send  Recv  Triggered RIP  Key-chain
    Serial0/0/0           2     2    Yes            test
    Serial0/0/1           2     2    Yes            test
//以上两行表明 s0/0/0 和 s0/0/1 接口启用了认证和触发更新
  Automatic network summarization is not in effect
  Maximum path: 4
  Routing for Networks:
    192.168.12.0
    192.168.23.0
  Routing Information Sources:
    Gateway          Distance     Last Update
    192.168.12.1     120          00:08:24
    192.168.23.2     120          00:03:26
  Distance: (default is 120)
R2#debug ip rip
RIP protocol debugging is on
R2#clear ip route *
R2#
*Mar  1 00:14:33.963: RIP: sending triggered request on Serial0/0/0 to 224.0.0.9
*Mar  1 00:14:33.967: RIP: sending triggered request on Serial0/0/1 to 224.0.0.9
……（此处省略）
*Mar  1 00:14:33.983: RIP: send v2 triggered flush update to 192.168.12.1 on
Serial0/0/0 with no route
*Mar  1 00:14:33.983: RIP: start retransmit timer of 192.168.12.1
*Mar  1 00:14:33.987: RIP: send v2 triggered flush update to 192.168.23.2 on
Serial0/0/1 with no route
*Mar  1 00:14:33.987: RIP: start retransmit timer of 192.168.23.2
*Mar  1 00:14:34.071: RIP: received packet with text authentication cisco
*Mar  1 00:14:34.071: RIP: received v2 triggered update from 192.168.12.1 on
Serial0/0/0
*Mar  1 00:14:34.071: RIP: sending v2 ack to 192.168.12.1 via Serial0/0/0
(192.168.12.2),
      flush, seq# 1
（以下省略）
```

　　从结果可以看出，在路由器 R2 上，虽然打开了 debug ip rip，但是由于采用触发更新，所以并没有看到每 30 秒更新一次的信息，而是清除了路由表这件事触发了路由更新。而且所有的更新中都有"triggered"的字样，同时在接收的更新中带有"text authentication"字样，证明接口 s0/0/0 和 s0/0/1 启用了触发更新和明文认证。通过 show ip rip database 命令查看 RIP 数据库。

```
R2#show ip rip database
1.0.0.0/8    auto-summary
```

```
1.1.1.0/24
   [1] via 192.168.12.1, 00:01:04 (permanent), Serial0/0/0
  * Triggered Routes:
   - [1] via 192.168.12.1, Serial0/0/0
     4.0.0.0/8       auto-summary
     4.4.4.0/24
   [2] via 192.168.23.2, 00:00:15 (permanent), Serial0/0/1
  * Triggered Routes:
   - [2] via 192.168.23.2, Serial0/0/1
     192.168.12.0/24    auto-summary
     192.168.12.0/24    directly connected, Serial0/0/0
     192.168.23.0/24    auto-summary
     192.168.23.0/24    directly connected, Serial0/0/1
     192.168.34.0/24    auto-summary
     192.168.34.0/24
   [1] via 192.168.23.2, 00:07:59 (permanent), Serial0/0/1
  * Triggered Routes:
   - [1] via 192.168.23.2, Serial0/0/1
```

以上输出进一步说明了在 s0/0/0 和 s0/0/1 启用了触发更新。

4. 点到点链路上的 OSPF

实验拓扑如图 2-11 所示。

步骤 1：配置路由器 R1。

```
R1(config)#router ospf 1
R1(config-router)#router-id 1.1.1.1
R1(config-router)#network 1.1.1.0 255.255.255.0 area 0
R1(config-router)#network 192.168.12.0 255.255.255.0 area 0
```

步骤 2：配置路由器 R2。

```
R2(config)#router ospf 1
R2(config-router)#router-id 2.2.2.2
R2(config-router)#network 192.168.12.0 255.255.255.0 area 0
R2(config-router)#network 192.168.23.0 255.255.255.0 area 0
R2(config-router)#network 2.2.2.0 255.255.255.0 area 0
```

步骤 3：配置路由器 R3。

```
R3(config)#router ospf 1
R3(config-router)#router-id 3.3.3.3
R3(config-router)#network 192.168.23.0 255.255.255.0 area 0
R3(config-router)#network 192.168.34.0 255.255.255.0 area 0
R3(config-router)#network 3.3.3.3 255.255.255.0 area 0
```

步骤 4：配置路由器 R4。

```
R4(config)#router ospf 1
R4(config-router)#router-id 4.4.4.4
R4(config-router)#network 4.4.4.0 0.0.0.255 area 0
R4(config-router)#network 192.168.34.0 0.0.0.255 area 0
```

【技术要点】

(1) OSPF 路由进程 ID 的范围必须是 1~65535，而且只有本地含义，不同路由器的路由进程 ID 可以不同，如果要想启动 OSPF 路由进程，至少确保有一个接口是打开的。

(2) 区域 ID 是在 0~4294967295 的十进制数，也可以是 IP 地址格式 A.B.C.D，当网络区域 ID 为 0 或 0.0.0.0 时称为主干区域。

(3) 在高版本的 IOS 中通告 OSPF 网络的时候，网络号的后面可以跟网络掩码，也可以跟反掩码。

(4) 确定 Router ID 遵循如下顺序：

① 最优先的是在 OSPF 进程中用命令"router-id"指定路由器 ID；

② 如果没有在 OSPF 进程中指定路由器 ID，那么选择 IP 地址最大的环回接口的 IP 地址为 Router ID；

③ 如果没有环回接口，就选择最大活动的物理接口的 IP 地址为 Router ID，建议用命令 router-id 来指定路由器 ID，这样可控性比较好。

实验调试。

```
R1#show ip route
Codes: C - connected, S - static, I - IGRP, R - RIP, M - mobile, B - BGP
       D - EIGRP, EX - EIGRP external, O - OSPF, IA - OSPF inter area
       N1 - OSPF NSSA external type 1, N2 - OSPF NSSA external type 2
       E1 - OSPF external type 1, E2 - OSPF external type 2, E - EGP
       i - IS-IS, L1 - IS-IS level-1, L2 - IS-IS level-2, ia - IS-IS inter area
       * - candidate default, U - per-user static route, o - ODR
       P - periodic downloaded static route

Gateway of last resort is not set

     1.0.0.0/24 is subnetted, 1 subnets
C       1.1.1.0 is directly connected, Loopback0
     2.0.0.0/32 is subnetted, 1 subnets
O       2.2.2.2 [110/65] via 192.168.12.2, 00:03:22, Serial0/0/0
     3.0.0.0/32 is subnetted, 1 subnets
O       3.3.3.3 [110/129] via 192.168.12.2, 00:01:46, Serial0/0/0
     4.0.0.0/32 is subnetted, 1 subnets
O       4.4.4.4 [110/193] via 192.168.12.2, 00:00:15, Serial0/0/0
C    192.168.12.0/24 is directly connected, Serial0/0/0
O    192.168.23.0/24 [110/128] via 192.168.12.2, 00:03:35, Serial0/0/0
O    192.168.34.0/24 [110/192] via 192.168.12.2, 00:02:01, Serial0/0/0
//输出结果表明同一个区域内通过 OSPF 路由协议学习的路由用条目代码 O 表示
R2#show ip protocols
Routing Protocol is "ospf 1"
//当前路由器运行的 OSPF 进程 ID
  Outgoing update filter list for all interfaces is not set
  Incoming update filter list for all interfaces is not set
  Router ID 2.2.2.2
//本路由器 ID
  Number of areas in this router is 1. 1 normal 0 stub 0 nssa
//本路由器参与的区域数量和类型
  Maximum path: 4
//支持等价路径最大数目
```

```
Routing for Networks:
  192.168.12.0 0.0.0.255 area 0
  192.168.23.0 0.0.0.255 area 0
  2.2.2.0 0.0.0.255 area 0
//以上四行表明OSPF通告的网络以及这些网络所在的区域
  Reference bandwidth unit is 100 mbps
//参考带宽为100mbps
  Routing Information Sources:
    Gateway         Distance      Last Update
    1.1.1.1         110           00:08:37
    2.2.2.2         110           00:06:58
    3.3.3.3         110           00:05:34
    4.4.4.4         110           00:05:08
//以上四行表明路由信息源
  Distance: (default is 110)
//OSPF 路由协议默认的管理距离
```

使用命令 show ip ospf 可以显示 OSPF 进程及区域的细节。

```
R2#show ip ospf 1
 Routing Process "ospf 1" with ID 2.2.2.2
 Start time: 00:03:22.756, Time elapsed: 00:05:00.456
 Supports only single TOS(TOS0) routes
 Supports opaque LSA
 Supports Link-local Signaling (LLS)
 Supports area transit capability
 Router is not originating router-LSAs with maximum metric
 Initial SPF schedule delay 5000 msecs
 Minimum hold time between two consecutive SPFs 10000 msecs
 Maximum wait time between two consecutive SPFs 10000 msecs
 Incremental-SPF disabled
 Minimum LSA interval 5 secs
 Minimum LSA arrival 1000 msecs
 LSA group pacing timer 240 secs
 Interface flood pacing timer 33 msecs
 Retransmission pacing timer 66 msecs
 Number of external LSA 0. Checksum Sum 0x000000
 Number of opaque AS LSA 0. Checksum Sum 0x000000
 Number of DCbitless external and opaque AS LSA 0
 Number of DoNotAge external and opaque AS LSA 0
 Number of areas in this router is 1. 1 normal 0 stub 0 nssa
 Number of areas transit capable is 0
 External flood list length 0
    Area BACKBONE(0)
        Number of interfaces in this area is 3 (1 loopback)
        Area has no authentication
        SPF algorithm last executed 00:00:31.840 ago
        SPF algorithm executed 8 times
        Area ranges are
        Number of LSA 4. Checksum Sum 0x0261E0
        Number of opaque link LSA 0. Checksum Sum 0x000000
        Number of DCbitless LSA 0
        Number of indication LSA 0
        Number of DoNotAge LSA 0
```

```
        Flood list length 0
R2#show ip ospf interface s0/0/0
Serial0/0 is up, line protocol is up
  Internet Address 192.168.12.2/24, Area 0
//该接口的地址和运行的 OSPF 区域
  Process ID 1, Router ID 2.2.2.2, Network Type POINT_TO_POINT, Cost: 64
//进程 IP，路由器 ID，网络类型，接口 Cost 值
  Transmit Delay is 1 sec, State POINT_TO_POINT,
//接口的延迟和状态
  Timer intervals configured, Hello 10, Dead 40, Wait 40, Retransmit 5
oob-resync timeout 40
//显示几个计时器的值
Hello due in 00:00:09
//距离下次发送 Hello 包的时间
  Supports Link-local Signaling (LLS)
//支持 LLS
  Cisco NSF helper support enabled
  IETF NSF helper support enabled
//以上两行表示启用了 IETF 和 Cisco 的 NSF 功能
  Index 1/1, flood queue length 0
  Next 0x0(0)/0x0(0)
  Last flood scan length is 1, maximum is 1
  Last flood scan time is 0 msec, maximum is 0 msec
  Neighbor Count is 1, Adjacent neighbor count is 1
//邻居的个数以及已建立邻接关系的邻居的个数
     Adjacent with neighbor 1.1.1.1
//已经建立邻接关系的邻居路由器 ID
  Suppress hello for 0 neighbor(s)
//没有进行 Hello 抑制
R2#show ip ospf neighbor
Neighbor ID     Pri   State           Dead Time   Address         Interface
3.3.3.3           0   FULL/-          00:00:35    192.168.23.2    Serial0/0/1
1.1.1.1           0   FULL/-          00:00:31    192.168.12.1    Serial0/0/0
```

以上输出表明路由器 R2 有两个邻居，它们的路由器 ID 分别为 1.1.1.1 和 3.3.3.3，其他参数解释如下。

Pri：邻居路由器接口的优先级。

State：当前邻居路由器接口的状态。

Dead Time：清除邻居关系前等待的最长时间。

Address：邻居接口的地址。

Interface：自己和邻居路由器相连的接口。

"-"：表示点到点的链路上 OSPF 不进行 DR 选举。

【技术要点】

OSPF 邻居关系不能建立的常见原因如下。

(1) Hello 间隔和 Dead 间隔不同：同一链路上的 Hello 间隔和 Dead 间隔必须相同才能建立邻接关系。默认时，Dead 间隔是 Hello 间隔的 4 倍，可以在接口下通过"ip ospf hello-interval"和"ip ospf Dead-interval"命令调整。

(2) 区域号码不一致。

(3) 特殊区域(如 stub 和 nssa 等)区域类型不匹配。
(4) 认证类型或密码不一致。
(5) 路由器 ID 相同。
(6) Hello 包被 ACL deny。
(7) 链路上的 MTU 不匹配。
(8) 接口下 OSPF 网络类型不匹配。

```
R2#show ip ospf database

        OSPF Router with ID (2.2.2.2) (Process ID 1)

        Router Link States (Area 0)

Link ID         ADV Router      Age         Seq#           Checksum Link count
1.1.1.1         1.1.1.1         1350        0x80000005     0x00C9C5 3
2.2.2.2         2.2.2.2         1246        0x80000006     0x0006D2 5
3.3.3.3         3.3.3.3         1119        0x80000006     0x00F3A4 5
4.4.4.4         4.4.4.4         1041        0x80000004     0x008DAD 3
```

以上输出是 R2 的区域 0 的拓扑结构数据库的信息，标题行的解释如下。

Link ID：是指 Link State ID，代表整个路由器，而不是某个链路。
ADV Router：是指链路状态信息的路由器 ID。
Age：老化时间。
Seq#：序列号。
Checksum：校验和。
Link count：通告路由器在本区域内的链路数目。

5. 广播多路访问链路上的 OSPF

实验拓扑如图 2-12 所示。

步骤 1：配置路由器 R1。

```
R1(config)#router ospf 1
R1(config-router)#router-id 1.1.1.1
R1(config-router)#network 1.1.1.0 255.255.255.0 area 0
R1(config-router)#network 192.168.1.0 255.255.255.0 area 0
R1(config-router)#auto-cost reference-bandwidth 1000
```

步骤 2：配置路由器 R2。

```
R2(config)#router ospf 1
R2(config-router)#router-id 2.2.2.2
R2(config-router)#network 192.168.1.0 255.255.255.0 area 0
R2(config-router)#auto-cost reference-bandwidth 1000
```

步骤 3：配置路由器 R3。

```
R3(config)#router ospf 1
R3(config-router)#router-id 3.3.3.3
R3(config-router)#network 192.168.1.0 255.255.255.0 area 0
```

```
R3(config-router)#auto-cost reference-bandwidth 1000
```

步骤 4：配置路由器 R4。

```
R4(config)#router ospf 1
R4(config-router)#router-id 4.4.4.4
R4(config-router)#network 4.4.4.0 255.255.255.0 area 0
R4(config-router)#network 192.168.1.0 255.255.255.0 area 0
R4(config-router)#auto-cost reference-bandwidth 1000
```

【说明】

"auto-cost reference-bandwidth 1000" 命令是用来修改参考带宽的，因为本实验中的以太口的带宽为千兆位，如果采用默认的百兆位参考带宽，计算出来的 Cost 是 0.1，这显然是不合理的，修改参考带宽要在所有的 OSPF 路由器上配置，目的是确保参考标准是相同的。另外，当执行 "auto-cost reference-bandwidth 1000" 命令的时候，系统也会显示如下信息。

```
%OSPF;Reference bandwith is changed.
Please ensure reference bandwidth is consistent across allrouters.
```

实验调试。

```
R1#show ip ospf neighbor

Neighbor ID   Pri   State         Dead Time   Address       Interface
2.2.2.2       1     FULL/BDR      00:00:37    192.168.1.2   GigabitEthernet0/0
3.3.3.3       1     FULL/DROTHER  00:00:37    192.168.1.3   GigabitEthernet0/0
4.4.4.4       1     FULL/DROTHER  00:00:34    192.168.1.4   GigabitEthernet0/0
```

以上输出表明在该广播多路访问网络中，R1 是 DR，R2 是 BDR，R3 和 R4 为 DROTHER。

【技术要点】

(1) 为了避免路由器之间建立完全邻接关系而引起的大量开销，OSPF 要求在多路访问的网络中选举一个 DR，每个路由器都与之建立邻接关系。选举 DR 的同时也选举出一个 BDR，在 DR 失效的时候，BDR 担负起 DR 的职责，所有其他路由器只与 DR 和 BDR 建立邻接关系。

(2) DR 和 BDR 有它们自己的组播地址 224.0.0.6。

(3) DR 和 BDR 的选举是以各个网络为基础的，也就是说，DR 和 BDR 选举是一个路由器的接口特性，而不是整个路由器的特性。

(4) DR 选举的原则如下。

① 首要因素是时间，最先启动的路由器被选举成 DR；

② 如果同时启动，或者重新选举，则看接口优先级(范围为 0~255)，优先级最高的被选举成 DR，在默认情况下，多路访问网络的接口优先级为 1，点到点网络接口优先级为 0，修改接口优先级的命令是 "ip ospf priority"，如果接口的优先级被设置为 0，那么该接口将不参与 DR 选举；

③ 如果前两者相同，最后看路由器 ID，路由器 ID 最高的被选举成 DR。

(5) DR 选举是非抢占的，除非人为地重新选举。重新选举 DR 的方法有两种：一是路由器重新启动；二是执行 "clear ip ospf process" 命令。

6. 多区域 OSPF 基本配置

在配置时，采用环回接口尽量靠近区域 0 的原则。路由器 R4 的环回接口不在 OSPF 进程通告，通过重分布的方法进入 OSPF 网络。实验拓扑如图 2-13 所示。

步骤 1：配置路由器 R1。

```
R1(config)#router ospf 1
R1(config-router)#router-id 1.1.1.1
R1(config-router)#network 1.1.1.0 255.255.255.0 area 1
R1(config-router)#network 192.168.12.0 255.255.255.0 area 1
```

步骤 2：配置路由器 R2。

```
R2(config)#router ospf 1
R2(config-router)#router-id 2.2.2.2
R2(config-router)#network 192.168.12.0 255.255.255.0 area 1
R2(config-router)#network 192.168.23.0 255.255.255.0 area 0
R2(config-router)#network 2.2.2.0 255.255.255.0 area 0
```

步骤 3：配置路由器 R3。

```
R3(config)#router ospf 1
R3(config-router)#router-id 3.3.3.3
R3(config-router)#network 192.168.23.0 255.255.255.0 area 1
R3(config-router)#network 192.168.34.0 255.255.255.0 area 2
R3(config-router)#network 3.3.3.0 255.255.255.0 area 0
```

步骤 4：配置路由器 R4。

```
R4(config)#router ospf 1
R4(config-router)#router-id 4.4.4.4
R4(config-router)#network 192.168.34.0 0.0.0.255 area 2
R4(config-router)#redistribute connected subnets //将直连路由重分布实验调试
R2#show ip route ospf
        1.0.0.0/32 is subnetted, 1 subnets
O       1.1.1.1 [110/65] via 192.168.12.1, 00:04:22, Serial0/0/0
        3.0.0.0/32 is subnetted, 1 subnets
O       3.3.3.3 [110/65] via 192.168.23.2, 00:01:07, Serial0/0/1
        4.0.0.0/24 is subnetted, 1 subnets
O E2    4.4.4.0 [110/20] via 192.168.23.2, 00:00:16, Serial0/0/1
O IA    192.168.34.0/24 [110/128] via 192.168.23.2, 00:01:07, Serial0/0/1
```

以上输出表明路由器 R2 的路由表中既有区域内的路由 1.1.1.0 和 3.3.3.0，又有区域间的路由 192.168.34.0，还有外部区域的路由 4.4.4.0，这就是为什么在 R4 上要用重分布，就是为了构造自治系统外的路由。

【技术要点】

OSPF 的外部路由分为：类型 1（在路由表中用代码 E1 表示）和类型 2（在路由表中用代码 E2 表示），它们计算外部路由度量值的方式不同。

类型 1（E1）：外部路径成本 + 数据包在 OSPF 网络所经过各链路成本。

类型 2（E2）：外部路径成本，即 ASBR 上的默认设置。

在重分布的时候，可以通过 meitric-type 参数设置是类型 1 或类型 2，也可以通过 metric 参数设置外部路径成本，默认值为 20。下面是具体的实例：

```
R4(config-router)#redistribute connected subnets metric 50 metric-type 1
```

则在 R2 上关于 4.4.4.0 路由条目的信息如下：

```
    O E1     4.4.4.0[110/178]via 192.168.23.3, 00;01;27, Serial0/0/1
R1#show ip ospf database

        OSPF Router with ID (1.1.1.1) (Process ID 1)

      Router Link States (Area 1)

Link ID       ADV Router      Age      Seq#        Checksum Link count
1.1.1.1       1.1.1.1         434      0x80000003  0x00CDC3 3
2.2.2.2       2.2.2.2         409      0x80000002  0x00326F 2

      Summary Net Link States (Area 1)

Link ID       ADV Router      Age      Seq#        Checksum
2.2.2.2       2.2.2.2         405      0x80000001  0x00FA31
3.3.3.3       2.2.2.2         269      0x80000001  0x004F98
192.168.23.0  2.2.2.2         340      0x80000001  0x002054
192.168.34.0  2.2.2.2         210      0x80000001  0x0029FF

      Summary ASB Link States (Area 1)

Link ID       ADV Router      Age      Seq#        Checksum
4.4.4.4       2.2.2.2         163      0x80000001  0x008B18

      Type-5 AS External Link States

Link ID       ADV Router      Age      Seq#        Checksum Tag
4.4.4.0       4.4.4.4         165      0x80000001  0x00DEA5 0
```

2.6 任务五：交换机配置

2.6.1 学习目标

通过学习本节使学生了解和掌握以下内容：

(1) 熟悉 VLAN 的创建；

(2) 配置交换机接口的 Trunk；

(3) 理解 DTP 的协商规律；

(4) 理解 VTP 的 3 种模式；

(5) 熟悉 VTP 的配置；

(6) EtherChannel 的配置；

(7) 路由器以太网接口上的子接口；
(8) 单臂路由实现 VLAN 间路由的配置；
(9) 配置 3 层交换。

2.6.2 任务描述

任务分为两部分：第一部分，属于相同 VLAN 的设备能够相互通信，而不同 VLAN 的用户不能通信；第二部分，不同 VLAN 的设备通过单臂路由或基于三层交换的 VLAN 间路由配置进行通信。

在交换机的不同接口上划分 VLAN，见图 2-14，从而使相同网段内的机器不能通信。

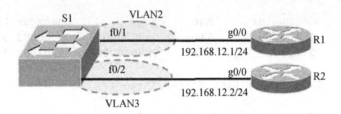

图 2-14　划分 VLAN 配置拓扑

分别将不同的交换机命名为 S1 和 S2，见图 2-15。为了能让 VLAN2 和 VLAN3 的设备进行通信，需要在 S1 的 f0/13 和 S2 的 f0/13 上配置 Trunk 协议。

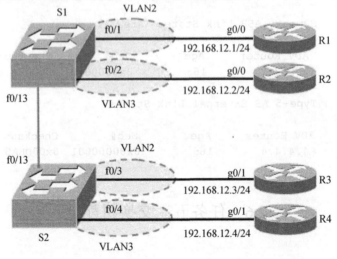

图 2-15　Trunk 协议配置拓扑

VTP(VLAN Trunk Protocol)用来管理 VTP 域，即管理多台交换机的 VLAN 信息，包括 VLAN 的增加、删除或修改。任务中需要管理三台交换机，分别命名为 S1、S2 和 S3，拓扑见图 2-16。其中 S1 为 VTP 域的 Server 模式，S3 为 Transparent 模式，S2 为 Client 模式。

EtherChannel 可以把多条物理链路捆绑在一起组成一条逻辑链路，以增加带宽。任务中将交换机 S1 和 S2 用两条线缆连接起来，分别使用 f0/13 和 f0/14 接口，见图 2-17。

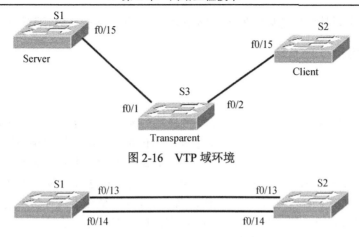

图 2-16　VTP 域环境

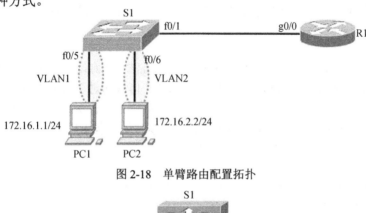

图 2-17　EtherChannel 配置拓扑

不同 VLAN 间通信需要使用路由功能，任务通过单臂路由和三层交换两种方式实现，拓扑见图 2-18 和图 2-19。在实际应用中，第二种方式比较常用，但如果没有三层交换设备的情况可采用第一种方式。

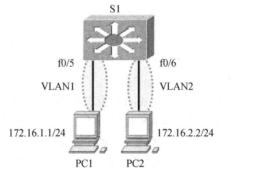

图 2-18　单臂路由配置拓扑

图 2-19　三层交换配置拓扑

2.6.3　任务分析

任务共分为 5 部分，共 6 个小实验。其中，划分 VLAN 和配置 Trunk 比较容易实现；VTP 的配置需要理解 VTP 域和 VTP 域中角色的作用后，再进行配置，相关知识点见 2.6.4 节；在实现 EtherChannel 时，要注意接口连线，同时要理解 PAGP 与 LAGP 模式；在配置单臂路由时，要注意路由器子接口的配置。许多情况下，单臂路由配置成功后，不同 VLAN 的计算机仍然不能通信，这时请检查计算机的默认网关设置；使用三层交换配置 VLAN 间路由相对还是比较容易的,主要是要先开启交换机的路由功能,否则无法给接口配置 IP 地址。

2.6.4 相关知识

1. 虚拟局域网

虚拟局域网(Virtual LAN,VLAN)是交换机端口的逻辑组合。VLAN 工作在 OSI 的第 2 层,一个 VLAN 就是一个广播域,VLAN 之间的通信是通过第 3 层的路由器来完成的。

当一个 VLAN 跨过不同的交换机时,在同一 VLAN 上却在不同的交换机上的计算机进行通信时需要使用 Trunk。Trunk 技术使得一条物理线路可以传送多个 VLAN 的数据。交换机从属于某一 VLAN(如 VLAN3)的端口接收到数据,在 Trunk 链路上进行传输前,会加上一个标记,表明该数据是 VLAN3 的;到了对方交换机,交换机会把该标记去掉,只发送到属于 VLAN3 的端口上。

有两种常见的帧标记技术:ISL 和 802.1Q。ISL 技术在原有的帧上叠加一个帧头,并重新生成帧检验序列(FCS),ISL 是 Cisco 特有的技术,因此不能在 Cisco 交换机和非 Cisco 交换机之间使用。而 802.1Q 技术在原有帧的源 MAC 地址字段后插入标记字段,同时用新的 FCS 字段替代原有的 FCS 字段,该技术是国际标准,得到所有厂家的支持。

2. VTP

VTP 提供了一种用于在交换机上管理 VLAN 的方法,该协议使得我们可以在一个或者几个中央点(Server)上创建、修改和删除 VLAN,VLAN 信息通过 Trunk 链路自动扩散到其他交换机,任何参与 VTP 的交换都可以接受这些修改,所有交换机保持相同的 VLAN 信息。

VTP 被组织成管理域(VTP Domain),相同域中的交换机能共享 VLAN 信息。根据交换机在 VTP 域中的作用不同,VTP 可以分为以下 3 种模式。

(1)服务器模式(Server):在 VTP 服务器上能创建、修改和删除 VLAN,同时这些信息会通告给域中的其他交换机。在默认情况下,交换机是服务器模式。每个 VTP 域必须至少有一台服务器,域中的 VTP 服务器可以有多台。

(2)客户机模式(Client):VTP 客户机上不允许创建、修改和删除 VLAN,但它会监听来自其他交换机的 VTP 通告并更改自己的 VLAN 信息。接收到的 VTP 信息也会在 Trunk 链路上向其他交换机转发,因此这种交换机还能充当 VTP 中继。

(3)透明模式(Transparent):这种模式的交换机不参与 VTP。可以在这种模式的交换机创建、修改和删除 VLAN,但是这些 VLAN 信息并不会通告给其他交换机,它也不接收其他交换机的 VTP 通告而更新自己的 VLAN 信息。然而需要注意的是,它会通过 Trunk 链路转发接收到的 VTP 通告,从而充当了 VTP 中继的角色,因此完全可以把该交换机看成是透明的。

3. EtherChannel

EtherChannel(以太通道)是由 Cisco 公司开发的,应用于交换机之间的多链路捆绑技术。它的基本原理是:将两个设备间多条快速以太或千兆以太物理链路捆绑在一起组成一条逻辑链路,从而达到带宽倍增的目的。除了增加带宽外,EtherChannel 还可以在多条链路上均衡分配流量,起到负载分担的作用。当一条或多条链路出现故障时,只要还有链路正常,流量将转移到其他的链路上,整个过程在几毫秒内完成,从而起到冗余的作用。在 EtherChannel 中,负载在各个链路上的分布可以根据源 IP 地址、IP 地址、源 MAC 地址、目的 MAC 地址、源 IP 地址和 IP 地址组合,及源 MAC 地址和目的 MAC 地址组合等来进行分布。

两台交换机之间是否形成 EtherChannel 也可以用协议自动协商。目前有两个协商协议，即 PAGP 和 LAGP，前者是 Cisco 专有的协议，而 LAGP 是公共的标准。

4. 单臂路由

处于不同 VLAN 的计算机即使在同一交换机上，它们之间的通信也必须使用路由器。可以使每个 VLAN 上都有一个以太网口和路由器连接，采用这种方法，如果要实现 N 个 VLAN 间的通信，则路由器需要 N 个以太网接口，同时会占用 N 个交换机上的以太网接口。单臂路由提供另外一种解决方案，路由器只需要一个以太网接口和交换机连接，交换机的这个接口设置为 Trunk 接口。在路由器上创建多个子接口和不同的 VLAN 连接，子接口是路由器物理接口上的逻辑接口。工作原理为：假设网络存在两个 VLAN，分别为 VLAN1 和 VLAN2。当交换机收到 VLAN1 的计算机发送的数据帧后，从它的 Trunk 接口发送数据给路由器。帧抵达路由器后，如果数据要转发到 VLAN2 上，路由器将数据帧中的 VLAN1 标签去掉，重新用 VLAN2 的标签进行封装，再通过 Trunk 链路发送到交换机上的 Trunk 接口。交换机收到该帧后，去掉 VLAN2 标签，发送给 VLAN2 中的目标计算机，从而实现了 VLAN 间的通信。

5. 三层交换

单臂路由实现 VLAN 间的路由时转发速率较慢。实际上，在局域网内部多采用 3 层交换机。3 层交换机通常采用硬件来实现，其路由数据包的速率是普通路由器的几十倍。从使用者的角度，可以把 3 层交换机看成 2 层交换机和路由器的组合。这个虚拟的路由器和每个 VLAN 都有一个接口进行连接，这些接口的名称是 VLAN1 或 VLAN2。Cisco 早年采用基于 NetFlow 的 3 层交换技术；现在 Cisco 主要采用 CEF 技术。在 CEF 技术中，交换机利用路由表形成转发信息库(FIB)。FIB 和路由表是同步的，特别地，由于查询是硬件化的，FIB 的查询速度很快。除了 FIB 外，还有邻接表(Adjacency Table)。该表和 ARP 表类似。FIB 和邻接表都是数据转发之前就已经建立好了，这样一有数据要转发，交换机就能直接利用它们进行数据转发和封装，不需要查询路由表和发送 ARP 请求，从而大大提高了 VLAN 间的路由速率。

2.6.5 任务实现步骤

1. 划分 VLAN

配置 VLAN，首先要创建 VLAN，然后才把交换机的端口划分到特定的端口上。实验拓扑如图 2-14 所示。

步骤 1：在划分 VLAN 前，配置路由器 R1 和 R2 的 g0/0 接口，从 R1 ping 192.168.12.2 进行测试。默认情况下，交换机的全部接口都在 VLAN1 上，R1 和 R2 应该能够通信。

步骤 2：在 S1 上创建 VLAN。

```
S1#vlan database
//进入 VLAN 配置模式
S1(vlan)#vlan2 name VLAN2
//以上创建 VLAN,2 就是 VLAN 的编号,VLAN 号的范围为 1~1001,VLAN2 是该 VLAN 的名字
S1(vlan)#vlan3 name VLAN3
S1(vlan)#exit
//退出 VLAN 模式,创建的 VLAN 立即生效
```

【提示】 交换机中的 VLAN 信息存放在单独的文件 flash:vlan.dat 中，因此如果要完全清除交换机的配置，除了使用"erase starting-config"命令外，还可使用"delete flash:vlan.dat"

命令把 VLAN 数据删除。

【提示】 新的 IOS 版本中，可以在全局配置模式中创建 VLAN，如下所述。

```
S1(config)#vlan2
S1(config-vlan)#name VLAN2
S1(config-vlan)#exit
S1(config)#vlan3
S1(config-vlan)#name VLAN3
```

步骤 3：把端口划分在 VLAN 中。

```
S1(config)#interface f0/1
S1(config-if)#switch mode access
//以上把交换机端口的模式改为 access 模式,说明该端口是用于连接计算机的,而不是用于 Trunk
S1(config-if)#switch access vlan2
//把该端口 f0/1 划分到 VLAN2 中
S1(config)#interface f0/2
S1(config-if)#switch mode access
S1(config-if)#switch access vlan3
```

【提示】 默认情况下，所有交换机接口都在 VLAN1 上，VLAN1 是不能删除的。如果有多个接口需要划分到同一 VLAN 下，也可以采用如下方法节约时间，注意 "-" 前的空格。

```
S1(config)#interface range f0/2 - 3
S1(config-if-range)#switch mode access
S1(config-if-range)#switch access vlan2
```

【提示】 如果要删除 VLAN，使用 "no vlan 2" 命令即可。删除某一 VLAN 后，要记得把该 VLAN 上的端口重新划分到别的 VLAN 上，否则将导致端口 "消失"。

实验调试。

使用 "show vlan" 或者 "show vlan brief" 命令查看 VLAN 信息，以及每个 VLAN 上有什么端口。要注意这里只能看到的是本交换机上哪个端口在 VLAN 上，而不能看到其他交换机的端口在什么 VLAN 上。

```
S1#show vlan
VLAN Name                          Status    Ports
---- ------------------------------ --------- -------------------------------
1    default                        active    Fa0/3, Fa0/4, Fa0/5, Fa0/6
                                              Fa0/7, Fa0/8, Fa0/9, Fa0/10
                                              Fa0/11, Fa0/12, Fa0/13, Fa0/14
                                              Fa0/15, Fa0/16, Fa0/17, Fa0/18
                                              Fa0/19, Fa0/20, Fa0/21, Fa0/22
                                              Fa0/23, Fa0/24
2    VLAN2                          active    Fa0/1, Fa0/2
3    VLAN3                          active
1002 fddi-default                   act/unsup
1003 token-ring-default             act/unsup
1004 fddinet-default                act/unsup
1005 trnet-default                  act/unsup
（此处省略）
```

在交换机端，VLAN1 是默认 VLAN，不能删除，也不能改名。此外，还有 1002 和 1003 等 VLAN 存在。由于 f0/1 和 f0/2 属于不同 VLAN，从 R1 ping 192.168.12.2 应该不能成功了。

2. Trunk 配置

在上述实验的基础上继续本实验，实验拓扑见图 2-15。

第 2 章 网络工程技术

步骤 1：根据上述实验步骤在 S2 上创建 VLAN，并把接口划分在图 2-14 所示的 VLAN 中。
步骤 2：配置 Trunk。

```
S1(config)#int f0/13
S1(config-if)#switchport trunk encanpsulation dot1q
//以上是配置 Trunk 链路的封装类型,同一链路的两端封装要相同
//有的交换机,例如,2950 只能封装 dot1q,因此无须执行该命令
S1(config-if)#switch mode trunk
//以上是把接口配置为 Trunk
S2(config)#int f0/13
S2(config-if)#switchport trunk encanpsulation dot1q
S2(config-if)#switch mode trunk
```

步骤 3：检查 Trunk 链路的状态，测试跨交换机、同一 VLAN 主机间的通信。
使用 "show interface f0/13 trunk" 可以查看交换机端口的 trunk 状态，如下：

```
Port        Mode       Encapsulation    Status      Native vlan
Fa0/13      on         802.1q           trunking    1
//f0/13 接口已经为 Trunk 链路了,封装为 802.1q
Port        Vlans allowed on trunk
Fa0/13      1-4094
Port        Vlans allowed and active in management domain
Fa0/13      1-3
Port        Vlans in spanning tree forwarding state and not pruned
Fa0/13      2-3
```

需要在链路的两端都确认 Trunk 的形成。测试 R1 和 R3 以及 R2 和 R4 之间的通信，由于 R1 和 R3 在同一 VLAN 上，所以 R1 应该能 ping 通 R3，R2 和 R4 之间也应该能相互 ping 通。
步骤 4：配置 Native VLAN。

```
S1(config)#int f0/13
S1(config-if)#switchport trunk native vlan2
//以上是在 Trunk 链路上配置 Native VLAN,我们把它改为 VLAN2 了,默认是 VLAN1
S2(config)#int f0/13
S2(config-if)#switchport trunk native vlan2
S1#show interface f0/13 trunk
    Port        Mode       Encapsulation    Status      Native vlan
    Fa0/13      on         802.1q           trunking    2
//可以查看 trunk 链路的 Native VLAN 改为 2 了
```

【技术要点】
在 Trunk 链路上，数据帧会根据 ISL 或者 802.1Q 被重新封装，然而如果是 Native VLAN 的数据，是不会被重新封装而就在 Trunk 链路上传输。很显然链路两端 Native VLAN 是要一样的。如果不一样，则交换机会提示出错。
步骤 5：DTP 配置。
【技术要点】
和 DTP 配置有关的命令如下所述，这些命令不能任意组合。
switchport trunk encapsulation{negotiate|isl|dot1q}：配置 Trunk 链路上的封装类型，可以是双方协商确定，也可以是指定的 isl 或者 dot1q。
switchport nonegotiate：Trunk 链路上不发送协商包，默认是发送的。

```
switch mode {trunk|dynamic desirable|dynamic auto}:
```

Turnk——该设置将端口置为永久 Trunk 模式，封装类型由 "switchport trunk encapsulation" 命令决定；

Dynamic desirable——端口主动变为 Trunk，如果另一端为 negotiate、dynamic desirable 和 dynamic auto，将成功协商；

Dynamic auto——被动协商，如果另一端为 negotiate 和 dynamic desirable，将成功协商。

如果想把接口配置为 negotiate，则使用：

```
S1(config-if)#switchport trunk encapsulation {isl|dot1q}
S1(config-if)#switchport mode trunk
S1(config-if)#no switchport negotiate
```

如果想把接口配置为 nonegotiate，则使用：

```
S1(config-if)#switchport trunk encapsulation {isl|dot1q}
S1(config-if)#switchport mode trunk
S1(config-if)#no switchport nonegotiate
```

如果想把接口配置为 desirable，则使用：

```
S1(config-if)#switchport mode dynamic desirable
S1(config-if)#switch trunk encapsulation{negotiate|isl|dot1q}
```

如果想把接口配置为 auto，则使用：

```
S1(config-if)#switchport mode dynamic auto
S1(config-if)#switch trunk encapsulation{negotiate|isl|dot1q}
```

在这里，进行如下配置：

```
S1(config-if)#switchport mode dynamic desirable
S1(config-if)#switch trunk encapsulation negotiate
S2(config-if)#switchport mode dynamic auto
S2(config-if)#switch trunk encapsulation negotiate
S1#show interface f0/13 trunk
    Port      Mode         Encapsulation   Status        Native vlan
    Fa0/13    desirable    n-isl           trunking      1
//可以看到 Trunk 已经形成，封装为 n-isl，这里的"n"表示封装类型也是自动协商的。
//需要在两端都进行检查，确认两端都形成 trunk 才行
Port          Vlans allowed on trunk
Fa0/13        1-4094

Port          Vlans allowed and active in management domain
Fa0/13        1-3

Port          Vlans in spanning tree forwarding state and not pruned
```

【提示】　由于交换机有默认配置，进行以上配置后，使用"show running"命令可能看不到我们配置的命令。默认情况下，catalyst2950 和 3550 的配置是 desirable 模式；而 catalyst 3560 是 auto 模式，所以，两台 3560 交换机之间不会自动形成 Trunk，3560 交换机和 2950 交换机之间却可以形成 Trunk。

3. VTP 配置

实验拓扑如图 2-16 所示。

步骤 1：把 3 台交换机配置清除干净，重启交换机。

```
S1#delete flash;vlan.dat
S1#erase startup-config
S1#reload
//S2 和 S3 采用相同步骤
```

步骤 2：检查 S1 和 S3 之间、S3 和 S2 之间链路 Trunk 是否自动形成，如果没有形成，请参照实验 2 步骤配置 Trunk。

步骤 3：配置 S1 为 VTP Server。

```
S1(config)#vtp mode server
Device mode already VTP SERVER.
//以上配置 S1 为 VTP Server,实际上这是默认值
S1(config)#vtp domain VTP-TEST
Changing VTP domain name from NULL to VTP-TEST
//以上配置 VTP 域名
S1(config)#vtp password cisco
Setting device VLAN database password to cicso
//以上配置 VTP 的密码，目的是保证安全，防止不明身份的交换机加入到域中
```

步骤 4：配置 S3 为 VTP Transparent。

```
S3#vlan database
S3(vlan)#vtp transparent
Setting device VTP TRANSPARENT mode.
S3(vlan)#vtp domain VTP-TEST
Domain name already set to VTP-TSET
S3(config)#vtp password cisco
Setting device VLAN database password to cicso
```

【提示】 有的 IOS 版本只支持在 VLAN Database 下配置 VLAN。

步骤 5：配置 S2 为 VTP Client。

```
S2(vlan)#vtp mode client
Setting device VTP CLIENT mode.
S2(vlan)#vtp domain VTP-TEST
Domain name already set to VTP-TSET
S2(config)#vtp password cisco
Setting device VLAN database password to cicso
```

实验调试。

在 S1 上创建 VLAN，检查 S2 和 S3 上的 VLAN 信息。

```
S1(config)#vlan 2
S1(config)#vlan 3
S2#show vlan
VLAN Name                            Status    Ports
---- -------------------------------- --------- -------------------------------
1    default                          active    Fa0/1, Fa0/2, Fa0/3, Fa0/4
                                                Fa0/5, Fa0/6, Fa0/7, Fa0/8
2    VLAN0002                         active
3    VLAN0003                         active
1002 fddi-default                     act/unsup
//可以看到 S2 已经学习到了在 S1 上创建 VLAN
S1#show vlan
VLAN Name                            Status    Ports
---- -------------------------------- --------- -------------------------------
1    default                          active    Fa0/3, Fa0/4, Fa0/5, Fa0/6
                                                Fa0/7, Fa0/8, Fa0/9, Fa0/10
                                                Fa0/11, Fa0/12
1002 fddi-default                     active
1003 token-ring-default               active
1004 fddinet-default                  active
1005 trnet-default                    active
//可以看到 S2 上有了 VLAN2 和 VLAN3，而 S3 上并没有，因为 S3 是透明模式
```

查看 VTP 信息：

```
S1#show vtp status
VTP Version                     : 2           //该VTP支持版本2
Configuration Revision          : 2           //修订号为2，该数值非常重要
Maximum VLANs supported locally : 1005
Number of existing VLANs        : 7           //VLAN数量
VTP Operating Mode              : Server      //VTP模式
VTP Domain Name                 : VTP-TEST    //VTP域名
VTP Pruning Mode                : Disabled    //VTP修剪没有启用
VTP V2 Mode                     : Disabled    //VTP版本2没有启用，现在是版本1
VTP Traps Generation            : Disabled
MD5 digest                      : 0xDC 0x10 0x27 0xE5 0xF3 0x2A 0x75 0xCF
Configuration last modified by 0.0.0.0 at 3-1-93 00:08:21
Local updater ID is 0.0.0.0 (no valid interface found)
```

观察 VTP 的 revision 数值：在 S1 上修改、创建或删除 VLAN，在 S2 和 S3 上使用 "show vtp status" 命令观察 revision 数值是否增加 1。

配置修剪及版本 2：

```
S1(config)#vtp pruning
S1(config)#vtp version 2
S1#show vtp status
VTP Version                     : 2
Configuration Revision          : 4
Maximum VLANs supported locally : 1005
Number of existing VLANs        : 7
VTP Operating Mode              : Server
VTP Domain Name                 : VTP-TEST
VTP Pruning Mode                : Enabled     //VTP修剪启用了
VTP V2 Mode                     : Enabled     //VTP版本为2了
VTP Traps Generation            : 0xDC 0x10 0x27 0xE5 0xF3 0x2A 0x75 0xCF
Configuration last modified by 0.0.0.0 at 3-1-93 00:10:53
Local updater ID is 0.0.0.0 (no valid interface found)
```

【提示】 VTP 修剪和 VTP 版本只需要在一个 VTP Server 上进行即可，其他 Server 或者 Client 会自动跟着更改。VTP 修剪是为了防止不必要的流量从 Trunk 链路上通过，通常需要启用。

4. EtherChannel 配置

构成 EnterChannel 的端口必须具有相同的特性，如双工模式、速度和 Trunking 的状态等。配置 EtherChannel 有手动配置和自动配置（PAGP 或者 LAGP）两种方法，自动配置就是让 EtherChannel 协商协议自动协商 EtherChannel 的建立。实验拓扑如图 2-17 所示。

步骤 1：手动配置 EtherChannel。

```
S1(config)#interface port-channel 1
//以上是创建以太通道，要指定一个唯一的通道组号，组号的范围是1~6的正整数。要取消
//EtherChannel 时用 "no interface port-channel 1" 命令
S1(config)#interface f0/13
S1(config-if)#channel-group 1 mode on
S1(config)#interface f0/14
S1(config-if)#channel-group 1 mode on
//以上将物理接口指定到已创建的通道中
S1(config)#int port-channel 1
S1(config-if)#switchport 1 mode trunk
S1(config-if)#speed 100
```

```
S1(config-if)#duplex full
//以上配置通道中的物理接口的速率及双工等属性
S2(config)#interface port-channel 1
S2(config)#interface f0/13
S2(config-if)#channel-group 1 mode on
S2(config)#interface f0/14
S2(config-if)#channel-group 1 mode on
S2(config)#int port-channel 1
S2(config-if)#switchport 1 mode trunk
S2(config-if)#speed 100
S2(config-if)#duplex full
S1(config)#port-channel load-balance dst-mac
S2(config)#port-channel load-balance dst-mac
//以上是配置EtherChannel的负载平衡方式，命令格式为"port-channel load-balance
//method"，负载平衡的方式有dst-ip、dst-mac、src-dst-ip、src-dst-mac等
```

步骤2：查看EtherChannel信息。

```
S1#show etherchannel summary
Flags:  D - down        P - in port-channel
        I - stand-alone s - suspended
        H - Hot-standby (LACP only)
        R - Layer3      S - Layer2
        U - in use      f - failed to allocate aggregator
        u - unsuitable for bundling
        w - waiting to be aggregated
        d - default port

Number of channel-groups in use: 1
Number of aggregators:           1

Group  Port-channel  Protocol    Ports
------+-------------+-----------+-----------------------------------------------
1      Po1(SU)         -         Fa0/13(P) Fa0/14(P)
```

可以看到EtherChannel已经形成，"SU"表示EtherChannel正常，如果显示为"SD"，则表示把EtherChannel接口关掉重新开启。

步骤3：配置PAGP或者LAGP。

【技术要点】

要想把接口配置为PAGP的desirable模式使用命令："channel-group 1 mode desirable"。
要想把接口配置为PAGP的auto模式使用命令："channel-group 1 mode auto"。
要想把接口配置为LAGP的active模式使用命令："channel-group 1 mode active"。
要想把接口配置为LAGP的passive模式使用命令："channel-group 1 mode passive"。

在这里进行如下配置：

```
S1(config)#interface range f0/13 - 14
S1(config-if)#channel-group 1 mode desirable
S2(config)#interface range f0/13 - 14
S2(config-if)#channel-group 1 mode desirable
S1#show etherchannel summary
Flags:  D - down        P - in port-channel
        I - stand-alone s - suspended
        H - Hot-standby (LACP only)
        R - Layer3      S - Layer2
        U - in use      f - failed to allocate aggregator
        u - unsuitable for bundling
        w - waiting to be aggregated
```

```
                d - default port

Number of channel-groups in use: 1
Number of aggregators:           1

Group  Port-channel  Protocol    Ports
------+-------------+-----------+----------------------------------------
1      Po1(SU)        PAgP        Fa0/13(P) Fa0/14(P)
```

可以看到 EtherChannel 协商成功。注意：应在链路的两端都进行检查，确认两端都形成以太通道才行。

5. 单臂路由

要用 R1 来实现分别处于 VLAN1 和 VLAN2 的 PC1 和 PC2 间的通信。实验拓扑如图 2-18 所示。

步骤 1：在 S1 上划分 VLAN。

```
S1(config)#vlan 2
S1(config-vlan)#exit
S1(config)#int f0/5
S1(config-if)#switchport mode access
S1(config-if)#switchport access vlan 1
S1(config-if)#in f0/6
S1(config-if)#switchport mode access
S1(config-if)#switchport access vlan 2
```

步骤 2：要先把交换机上的以太网接口配置成 Trunk 接口。

```
S1(config)#int f0/1
S1(config-if)#switch trunk enacp dot1q
S1(config-if)#switch mode trunk
```

步骤 3：在路由器的物理以太网接口下创建子接口，并定义封装类型。

```
R1(config)#int g0/0
R1(config-if)#no shutdown
R1(config)#int g0/0.1
R1(config-subif)#encapture dot1q 1 native
//以上是定义该子接口承载哪个 VLAN 流量，由于交换机上的 Native VLAN 是 VLAN1，所以我们这里也
//要指明该 VLAN 就是 Native VLAN。默认时，Native VLAN 就是 VLAN1
R1(config-subif)#ip address 172.16.1.254 255.255.255.0
//在子接口上配置 IP 地址，这个地址就是 VLAN1 的网关
R1(config)#int g0/0.2
R1(config-subif)#encapture dot1q 2
R1(config-subif)#ip address 172.16.2.254 255.255.255.0
```

实验调试。

在 PC1 和 PC2 上配置 IP 地址和网关，PC1 的网关指向 172.16.1.254，PC2 的网关指向 172.16.2.254。测试 PC1 和 PC2 的通信。注意：如果计算机有两个网卡，去掉另一个网卡上设置的网关。

【提示】　S1 实际上是 Catalyst 3560 交换机，该交换机具有 3 层功能，在这里如果把它当成 2 层交换机使用，有点大材小用。

6. 三层交换实现 VLAN 间路由

用 S1 来实现分别处于 VLAN1 和 VLAN2 的 PC1 和 PC2 间的通信。实验拓扑如图 2-19 所示。

步骤 1：在 S1 上划分 VLAN。

```
S1(config)#vlan 2
S1(config-vlan)#exit
S1(config)#int f0/5
S1(config-if)#switchport mode access
S1(config-if)#switchport access vlan 1
S1(config-if)#in f0/6
S1(config-if)#switchport mode access
S1(config-if)#switchport access vlan 2
```

步骤 2：配置 3 层交换。

```
S1(config)#ip routing
//以上是 S1 的路由功能，这时 S1 就启用了 3 层功能
S1(config)#int vlan 1
S1(config-if)#no shutdown
S1(config-if)#ip address 172.16.1.254 255.255.255.0
S1(config)#int vlan 2
S1(config-if)#no shutdown
S1(config-if)#ip address 172.16.2.254 255.255.255.0
//在 VLAN 接口上配置 IP 地址即可，VLAN1 接口上的地址是 PC1 的网关，VLAN2 接口上的地
//址就是 PC2 的网关
```

【提示】 要在 3 层交换机上启用路由功能，还需要启用 CEF（命令为 ip cef），不过这是默认值。和路由器一样，3 层交换机上同样可以运行路由协议。

实验调试。

首先，检查 S1 上的路由表。

```
S1#show ip route
（此处省略）
172.16.0.0/24 is subnetted, 2 subnets
C    172.16.1.0 is directly connected, Vlan1
C    172.16.2.0 is directly connected, Vlan2
//和路由器一样，3 层交换也有路由表
```

测试 PC1 和 PC2 间的通信。

在 PC1 和 PC2 上配置 IP 地址和网关，PC1 的网关指向 172.16.1.254，PC2 的网关指向 172.16.2.254。测试 PC1 和 PC2 的通信。注意：如果计算机有两个网卡，去掉另一个网卡上设置的网关。

【提示】 也可以把 f0/5 和 f0/6 接口作为路由接口使用，这时就和路由器的以太网接口一样了，可以在接口上配置 IP 地址。如果 S1 上的全部以太网接口都是这样设置，S1 实际上成为具有 24 个以太网接口的路由器了。

配置示例：

```
S1(config)#int f0/10
S1(config-if)#no switchport    //该接口不再是交换接口了,成为路由接口
S1(config-if)#ip address 10.0.0.254 255.255.255.0
```

注意：一般不建议这样做，因为会浪费宝贵的交换机接口。

第 3 章 网络管理技术

网络管理的任务是负责收集、监控网络中各种设备和设施的工作状态信息，为网络管理员提供分析、判断网络运行情况的依据。管理人员通过这些信息对网络作出相应的优化调整，从而使网络更加稳定、可靠地运行。同时，对网络设备和设施进行故障诊断和修复以及日常维护也是网络管理不可或缺的主要工作。

为了更好地理解网络管理技术，特别是 SNMP 网络管理协议，本章首先介绍什么是网络管理技术，以此为基础设计了以下任务：

(1) SNMP 模拟环境的实现；
(2) MIB 浏览器的实现；
(3) Trap 接收器的使用；
(4) Trap 接收器的实现；
(5) 网络故障的判断与检测。

通过以上任务的完成，使学生能更好地理解 SNMP 协议。本章的难点在于如何使用 SNMP++库在 Windows 环境下进行编程，同时如何使用网络抓包工具对网络故障进行检测与判断也是比较重要的知识点。

3.1 网络管理技术简介

网络管理(Network Management)是计算机网络能否正常运作的关键技术之一。网络管理是指网络管理员通过网络管理程序对网络上的资源进行集中化管理的操作，包括配置管理、性能和记账管理、问题管理、操作管理和变化管理等。网络管理常简称网管，包括对硬件、软件和人力的使用、综合与协调，以便对网络资源进行监视、测试、配置、分析、评价和控制，这样就能以合理的价格满足网络的一些需求，如实时运行性能、服务质量等。

目前主要的网络管理方式有以下三种。

1. SNMP 管理技术

简单网络管理协议(Simple Network Management Protocol，SNMP)是由 Internet 工程任务组织(IETF)的研究小组为了解决 Internet 上的路由器管理问题而提出的。SNMP 是目前最常用的环境管理协议，几乎所有的网络设备生产厂家都实现了对 SNMP 的支持。SNMP 与协议无关，所以它可以在 IP、IPX、AppleTalk 及其他传输协议上使用。

SNMP 是一个从网络上的设备收集管理信息的公用通信协议。设备的管理者收集这些信息并记录在管理信息库(MIB)中。这些信息报告设备的特性、数据吞吐量、通信超载和错误等。MIB 有公共的格式，所以来自多个厂商的 SNMP 管理工具都可以收集 MIB 信息，在管理控制台上呈现给系统管理员。

SNMP 主要有 SNMPv1、SNMPv2、SNMPv3 几个最常用的版本。

(1) SNMPv1 是 SNMP 的最初版本，提供最小限度的网络管理功能。SNMPv1 的管理信息结构（SMI）和 MIB 都比较简单，且存在较多安全缺陷。SNMPv1 采用团体名认证。团体名的作用类似于密码，用来限制 NMS 对 Agent 的访问。如果 SNMP 报文携带的团体名没有得到 NMS/Agent 的认可，该报文将被丢弃。

(2) SNMPv2 也采用团体名认证。在兼容 SNMPv1 的同时又扩充了 SNMPv1 的功能：它提供了更多的操作类型（GetBulk 操作等）；支持更多的数据类型（Counter32 等）；提供了更丰富的错误代码，能够更细致地区分错误。

(3) SNMPv3 主要在安全性方面进行了增强，它采用基于用户的安全模型（USM）和基于视图的访问控制模型（VACM）技术。USM 提供了认证和加密功能，VACM 确定用户是否允许访问特定的 MIB 对象以及访问方式。

2. RMON 管理技术

为了提高传送管理信息的有效性，减小管理站的负担，满足网络管理员监控网段性能的需求，IETF 开发了远端网络监控（Remote Network Monitoring，RMON）以解决 SNMP 在日益扩大的分布式互连中所面临的局限性。RMON 是对 SNMP 标准的扩展，它定义了标准功能以及在基于 SNMP 管理站和远程监控者之间的接口，主要实现对一个网段乃至整个网络的数据流量的监视功能，目前已成为成功的网络管理标准之一。RMON 标准可以对数据网进行防范管理，它使 SNMP 更有效、更积极主动地监测远程设备，网络管理员可以更快地跟踪网络、网段或设备出现的故障，然后采用防范措施，防止网络资源失效。

当前 RMON 有两个版本：RMONv1 和 RMONv2。RMONv1 在目前使用较为广泛的网络硬件中都能发现，它定义了 9 个 MIB 组服务于基本网络监控；RMONv2 是 RMON 的扩展，专注于 MAC 层以上更高的层次，主要强调 IP 流量和应用程序层流量。RMONv2 允许网络管理应用程序监控所有网络层的信息包，这与 RMONv1 不同，后者只允许监控 MAC 层和物理层的信息包。

RMON MIB 有不少变种，如令牌网 RMON MIB 提供了针对令牌网网络管理的对象。SMON MIB 由 RMON 扩展而来，主要用来为交换网络提供 RMON 分析。

3. 基于 Web 的网络管理技术

随着应用 Intranet 的企业的增多，希望有一种新的形式去管理 MIS，从而进一步管理网络。WBM（Web-Based Management）技术允许管理人员通过 Web 服务器监测他们的网络，可以想象，这将使得大量的 Intranet 成为更加有效的通信工具。WBM 可以允许网络管理人员使用任何一种 Web 浏览器，在网络任何节点上方便迅速地配置、控制以及存取网络和它的各种部分。

WBM 有两种基本的实现方法。

第一种是将一个 Web 服务器加到一个内部工作站（代理）上，工作站轮流与端设备通信，浏览器用户通过 HTTP 与代理通信，同时代理通过 SNMP 与端设备通信。一种典型的实现方法：提供商将 Web 服务加到一个已经存在的网管设备上。

代理方式保留了目前基于工作站的网管系统及设备的全部优点，同时加强了访问的灵活性。由于代理能与所有网络设备通信，那么它能提供所有物理设备的映像。同时，代理与设备之间的通信仍然使用 SNMP，因此该方案的实施并不需要设备升级。

第二种为嵌入方式，即将 Web 能力嵌入到网络设备中，每个设备有它自己的 Web 地址，管理人员可轻松地通过浏览器访问该设备并且管理它。该方式给各独立设备带来了图形化的管理。这一点保障了非常简单易用的接口，从而优于现在的命令行或基于菜单的远程登录界面。

嵌入方式比较适合中小型企业的网络环境，因为其简单并且不需要强有力的管理系统以及公司的全面视图。由于中小型企业在网络和设备控制等方面的不足，嵌入到每个设备的 Web 服务器将使用户从复杂的网管工作中解放出来。另外，基于 Web 的设备提供真正的即插即用安装，这将减少安装、故障排除的时间。

理解和掌握 SNMP 的工作原理与使用是学习网络管理技术的关键，而通过编程来学习 SNMP 能更加深刻地认识网络管理的本质。本章后续几节设计了几个基于 SNMP 的网络管理软件使用的实验，并给出相应的关键代码，同时最后一节安排学习如何使用网络抓包工具检测与判断网络故障，希望学生能通过这几个实验更好地了解和掌握网络管理技术。

3.2 任务一：SNMP 模拟环境的实现

3.2.1 学习目标

通过学习 SNMP 模拟环境，熟悉并掌握网络管理的基本环境，认识和掌握 SNMP 工具、配置等网络管理基本要求，为进一步地实际环境操作打下基础。

3.2.2 任务描述

利用网络管理模拟软件 WebNMS Simulation Toolkit 创建一个网络，包括不同的网络设备，如路由器、交换机或主机等。接着对这些设备进行配置，使得 SNMP 管理工具能够对网络进行管理。

任务实现的环境：Windows XP 操作系统，WebNMS Simulation Toolkit 7。

3.2.3 任务分析

创建一个网络，可以往网络中添加需要的网络设备，包括路由器、交换机或主机等。网络设备需要进行相应配置，如 SNMP 信息等。配置完成后，启动网络并开启 SNMP 工具对设备进行管理，包括 MIB 浏览器、Trap View 等。

3.2.4 相关知识

网络管理系统(Network Management System，NMS)是一个软硬件结合以软件为主的分布式网络应用系统，其目的是管理网络，使网络高效正常地运行。

网络管理系统的功能一般分为性能管理、配置管理、安全管理、计费管理和故障管理等五大管理功能。其管理对象一般包括路由器、交换机、集成器等。近年来，网络管理对象有扩大化的趋势，即把网络中几乎所有的实体：网络设备、应用程序、服务器系统、辅助设备，如 UPS 电源等都作为被管理对象。

3.2.5 任务实现步骤

（1）安装 WebNMS Simulation Toolkit 7，见图 3-1、图 3-2 和图 3-3。该软件是使用 30 天评估版本，要注意使用时间。

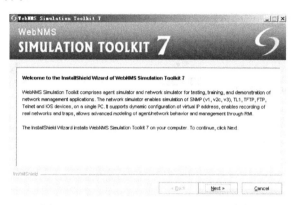

图 3-1　WebNMS Simulation Toolkit 7 安装

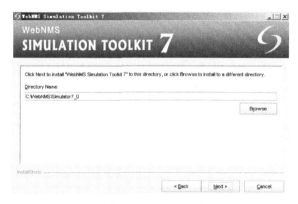

图 3-2　选择安装目录

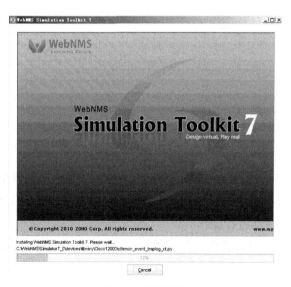

图 3-3　安装过程

(2)安装完成后,启动软件。软件首先会启动一个控制台窗口,不要关闭。接着可以看到软件的开始界面,见图 3-4。界面包括网络设计器(Network Designer)、SNMP 代理模拟器、TL1 代理模拟器、SNMP Trap 发送器(SNMP Trap Stormer)、浏览器等。软件的应用设置见图 3-5。

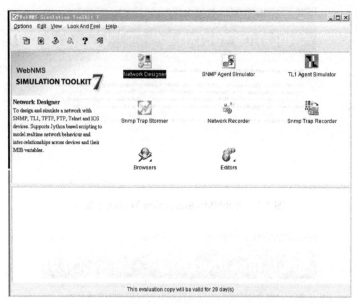

图 3-4 软件开始界面

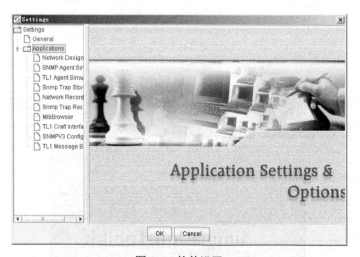

图 3-5 软件设置

【提示】TL1 协议是一种标准的电信管理协议,由 Telcordia(先前的 Bellcore)定义,全称是 Transaction Language -1,是一种使用 ASCII 的人机交互协议。这里不涉及电信领域网络管理,无须对 TL1 代理模拟器进行操作。

(3)启动网络设计器,进入界面,见图 3-6,选择"Create New Network"选项。

第 3 章 网络管理技术 · 49 ·

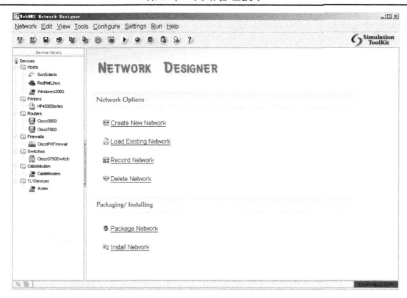

图 3-6 Network Designer 界面

(4)创建新网络，见图 3-7。网络类型有"single type"和"various types"两种，我们选择前者。两种类型其实差不多，因为在进入网络环境后，还可以添加设备。接着输入创建的网络的名称，这里输入"myNetwork"。

(5)选择"single type"后，进入设备的配置向导，见图 3-8。图中"Device Type"为设备的类型，选择某一种设备，如"Hosts"；同时设置该设备运行什么系统，如"SunSolaris"。接着选中"Increment IP Address"和"IPv4 Address"单选按钮，并输入设备的 IP 地址，设备数和各服务器端口采用默认设置。

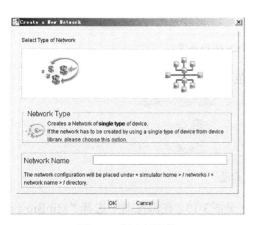

图 3-7 创建新网络

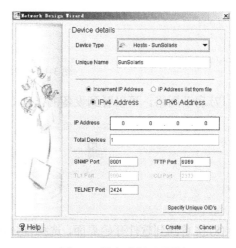

图 3-8 设备选择及配置

(6)再添加一台交换机和主机，交换机配置见图 3-9 和图 3-10。在图 3-9 中，配置 IP 地址，这里配置为 192.168.1.2。在图 3-10 中配置 SNMP 的社区(Community)名称为"public"。创建好网络后，进入环境，见图 3-11。

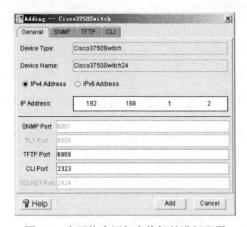 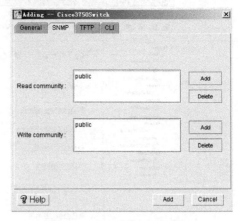

图 3-9　在网络中添加交换机并进行配置　　　图 3-10　交换机的 SNMP 配置

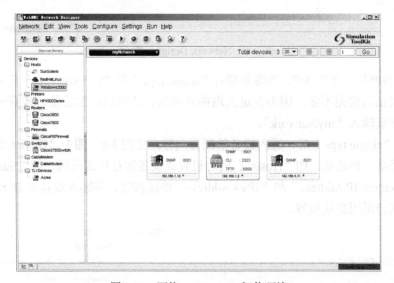

图 3-11　网络 myNetwork 拓扑环境

(7) 启动网络，可以看到设备的指示灯变成绿色，见图 3-12。

图 3-12　网络启动

(8) 接着回到软件开始界面，选择打开浏览器，见图3-13。在浏览器中选择"MibBrowser"并打开，见图 3-14。

(9) 在 MIB 浏览器界面中，单击"Load MIB Module"选择一个 MIB 库，这里选择"IF-MIB"库。单击"Open"后，左边导航栏中会出现 IANAifType-MIB、RFC1213-MIB、SNMPv2-TC、IF-MIB 和 SNMPv2-MIB 五个 MIB 库，见图 3-14。

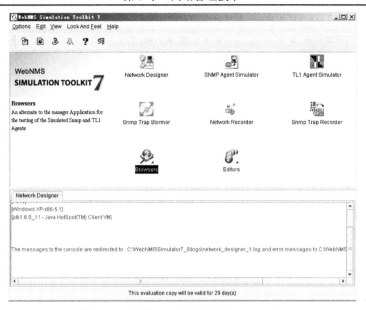

图 3-13　选择 MIB 浏览器"Browsers"

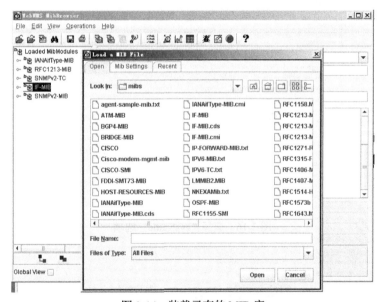

图 3-14　装载已有的 MIB 库

（10）配置 Host 信息，见图 3-15。图中，Host 的 IP 地址为网络中设备的 IP 地址，这里可以是 192.168.1.2（交换机），也可以是 192.168.1.10 或 192.168.1.11（主机）；社区输入为 public。接着在左侧导航栏中选择 SNMPv2-MIB→internet→mgmt→mib-2→system→sysName，见图 3-16。配置完成后，单击快捷按钮"get"，获得 IP 地址为 192.168.1.2 的设备的系统名称。

（11）回到 myNetwork 网络中，为了能获得更多的信息，还可以对设备进行设置，见图 3-17。

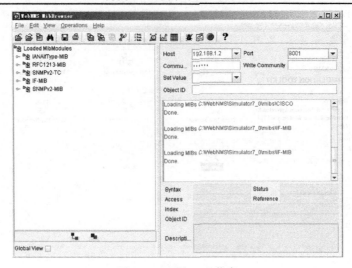

图 3-15 配置 Host 信息

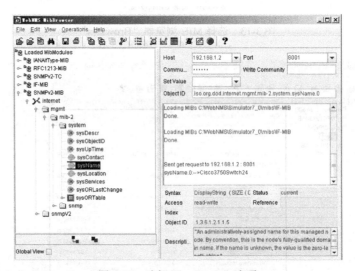

图 3-16 选择"sysName"选项

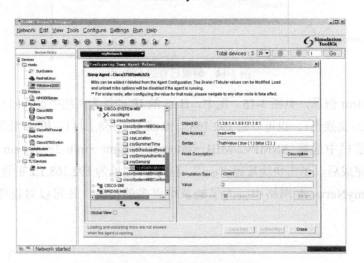

图 3-17 交换机其他信息配置

3.3 任务二： MIB 浏览器的实现

3.3.1 学习目标

通过 MIB 浏览器的 get 按钮获得被管理设备的信息，这个功能是如何实现的？我们可以通过编程来实现 SNMP MIB 浏览器的这个功能。该任务的目的是让学生能够更加熟练地掌握 SNMP 工作流程，包含 GetRequest 和 GetResponse 等。同时，了解 SNMP 开发包 SNMP++的工作原理。

3.3.2 任务描述

SNMP 中 Get 操作支持管理站检索被管理设备中的管理信息库对象的值，多种对管理对象值的检索和修改等操作。分析 OnGet( )方法的结构，画出流程图，增加 IP 地址异常判断功能。
任务实现的环境：Windows XP 操作系统，VC++ 6.0，SNMP++软件包。

3.3.3 任务分析

使用编程工具 VC++ 6.0 创建 SNMP MIB 浏览器工程，工程需要导入 SNMP++软件包以使 VC++ 6.0 支持 SNMP 的函数。

3.3.4 相关知识

面向对象的 SNMP++是一套专注于网络管理的开放技术，是 SNMP 原理和 C++结合的产物。SNMP++是一套 C++类的集合，它为网络管理应用的开发者提供了 SNMP 服务。

SNMP++并非是现有的 SNMP 引擎的扩充或者封装。事实上为了提高效率和方便移植，它只用到了现有的 SNMP 库里面极少的一部分。SNMP++也不是要取代其他已有的 SNMP API，比如 WinSNMP。SNMP++只是通过提供强大灵活的功能，降低管理和执行的复杂性，把面向对象的优点带到了网络编程中。更为关键的一点是，SNMP++是免费的、开源的，可以到 www.agentpp.com 下载最新的版本。

3.3.5 任务实现步骤

（1）准备好任务环境，包括安装 VC++，导入 SNMP++库。
（2）打开 VC++ 6.0，新建项目 MibBrowser。
（3）项目的主要实现代码及注释如下。

```
//GET 操作
void CMibBrowserView::OnGet ()
{
    HTREEITEM hNode;              //定义 hNode 为句柄
    MibNode* pNodeData;           //定义 pNodeData 为结构数据类型
    CString ipadd,community,oidstr;
    //定义 ipadd、community、oidstr 为 CString 类型
    m_ipadd.GetWindowText(ipadd);
    //ipadd 获取了 ip 地址编辑框中的值
```

```cpp
if(m_ipadd.IsBlank())
{
    AfxMessageBox("IP 地址错误！");
    return;
}
ipadd+=":161";
m_community.GetWindowTextA(community);
//community 获得了 m_community 框中的值
m_oid.GetWindowText(oidstr);
//oidstr 获取了 m_oid 中的值
Snmp::socket_startup();
UdpAddress address((LPCTSTR)ipadd);
//声明了一个 UdpAddress 类对象
Oid oid((LPCTSTR)oidstr);
//声明了一个 Oid 类对象
snmp_version version=version1;
//版本 1
int status;
Snmp snmp(status,0,false);
//声明一个 Snmp 类对象,同时建立一个 SNMP 连接
Pdu pdu;        //声明一个 Pdu 类对象
Vb vb;          //声明一个 Vb 类对象
vb.set_oid(oid);
//设置 vb 的 OID 部分为用户输入的 OID 串
pdu+=vb;
//将 vb 附加到 pdu 对象中
CTarget ctarget(address);
//声明一个 CTarget 类对象
ctarget.set_version(version);
ctarget.set_retry(1);
ctarget.set_timeout(100);
ctarget.set_readcommunity((LPCTSTR)community);
//以上为设置 CTarget 对象的各属性
SnmpTarget *target;
//声明一个指向 SnmpTarget 类的指针变量
//下面的函数要使用
target=&ctarget;
//指向刚才创建的 Ctarget 对象
status=snmp.get_next(pdu,*target);
//调用对应的 get_next 方法
if(status==SNMP_CLASS_SUCCESS)  //判断操作是否成功
{
    pdu.get_vb(vb,0);
    //取出 vb 对象
    CString reply_oid=vb.get_printable_oid();
    //获得可打印格式的 OID 部分
    CString reply_value=vb.get_printable_value();
    //获得可打印格式的值部分
    hNode=SearchNode(reply_oid);
    //从 MIB 树中查找对应的节点
    if(hNode!=NULL)
    {
```

```
            pNodeData=(MibNode*)m_tree.GetItemData(hNode);
            reply_oid.Replace((LPCTSTR)pNodeData->POid,(LPCTSTR)m_tree.GetI
            temText(hNode));
            //找到后,更改OID的显示格式
            //如果包含枚举整数,进一步更改值显示格式
            if(pNodeData->PInteger!=NULL)
            {
                POSITION index=pNodeData->PInteger->Find(reply_value);
                if(index!=NULL)
                {
                    pNodeData->PInteger->GetNext(index);
                    reply_value=pNodeData->PInteger->GetNext(index);
                }//if(index!=NULL)
            }//if(pNodeData->PInteger!=NULL)
        }//if(hNode!=NULL)
        if(m_list.GetItemCount()>0)   //将获得的结果显示在列表控件上
        {
            m_list.DeleteAllItems();
        }//if(m_list.GetItemCount>0)
        int row=m_list.InsertItem(1,reply_oid);
        m_list.SetItemText(row,1,reply_value);
    }//if(status==SNMP_CLASS_SUCCESS)
    Snmp::socket_cleanup();              //关闭Winsocet
    CMainFrame *pF=(CMainFrame*)AfxGetMainWnd();
    //在状态栏显示操作信息,这里需要将状态栏变量改为public变量
    int num=m_list.GetItemCount();
    oidstr.Format("%d",num);
    oidstr="共取回"+oidstr+"个对象";
    pF->m_wndStatusBar.SetPaneText(0,oidstr);
}
```

3.4 任务三:Trap 接收器的使用

3.4.1 学习目标

通过使用 SNMP Trap 接收器,更好地了解和掌握 Trap 的工作环境和操作流程。

3.4.2 任务描述

实现被管设备向管理设备发送 Trap 信息,并通过 Trap 接收器进行查看。

任务实现环境:Windows XP 操作系统,Windows Server 2008 R2 操作系统,ManageEngine MibBrowser Free Tool,WebNMS Simulation Toolkit 7。

3.4.3 任务分析

要实现任务,可以用两种方式。第一种是使用前面任务中的 SNMP 模拟环境来实现。第二种是使用真实环境进行配置、实现。假设使用局域网环境如图 3-18 所示。

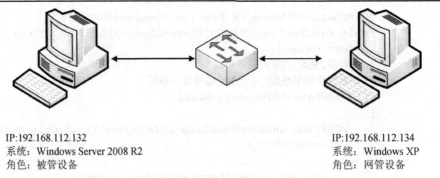

IP:192.168.112.132
系统：Windows Server 2008 R2
角色：被管设备

IP:192.168.112.134
系统：Windows XP
角色：网管设备

图 3-18　任务实现拓扑

3.4.4　相关知识

SNMP MIB 浏览器的 get 功能是由管理器向被管设备主动获取其信息，但如果被管设备较多，通过这种方式会加大管理设备和网络的负担，因此可以采用陷阱(Trap)的方式。

作为 SNMP 的一部分，SNMP Trap 是提供从代理进程到管理站的异步报告机制。为了使管理站能够及时而有效地对被管理设备进行监控，同时不过分增加网络的通信负载，必须使用陷阱机制的轮询过程。由代理进程负责在必要时向管理站报告异常事件。在得到异常事件的报告后，管理站可以查询有关的代理，以便得到更具体的信息，对事件的原因作进一步分析。

3.4.5　任务实现步骤

(1) 使用 SNMP 模拟环境实现 Trap 接收器，见图 3-19。

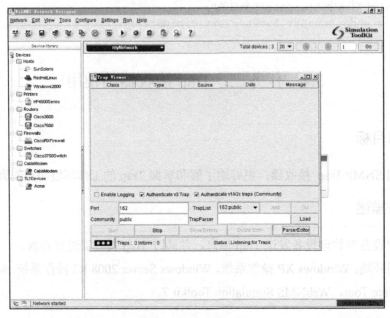

图 3-19　Trap 接收器

(2) 模拟环境的实现比较简单，因此设计实际环境来实现 SNMP Trap 接收器。首先，假设一台装有 Windows Server 2008 R2 系统的主机为被管设备，需要主动向管理设备发送 Trap

信息。在该主机上需要安装 SNMP 服务。打开服务器管理器，在"功能"目录中添加功能，添加完成后见图 3-20。

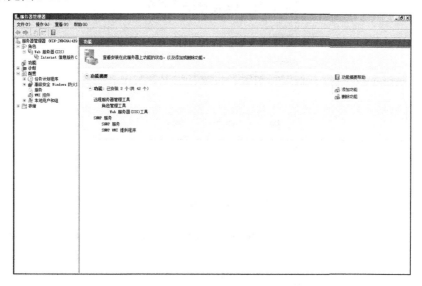

图 3-20　服务器管理器安装 SNMP 服务

（3）展开"配置"→"服务"节点，在右侧"服务"窗格中找到"SNMP Service"，见图 3-21。注意在"SNMP Service"下面有一个"SNMP Trap"项，该服务表示该主机为管理设备，接收网络中其他被管设备的 Trap 信息。

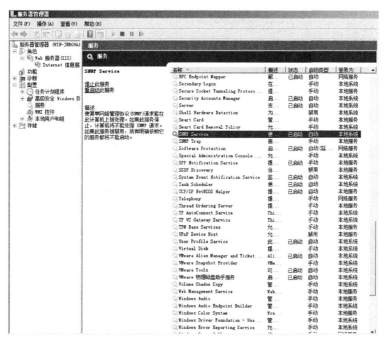

图 3-21　在服务器服务页面中选择"SNMP Service"

（4）双击服务"SNMP Service"，在弹出的属性对话框中，选择"陷阱"选项卡，见图 3-22。输入社区名称"public"，添加陷阱目标为 192.168.112.134，即管理设备的 IP 地址，单击"确定"按钮。注意，配置后 SNMP 服务需要重新启动。

图 3-22 配置 SNMP 信息

(5) 在管理方,打开 ManageEngine MibBrowser Free Tool。在"Load MIB Module"中导入"IF-MIB"库,见图 3-23。

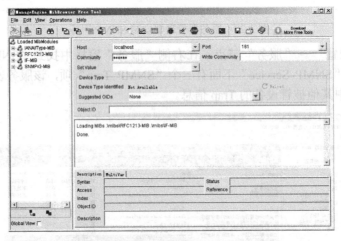

图 3-23 在 MIB 浏览器中导入 MIB 库

(6) 单击快捷按钮"Trap View UI",在弹出的 TrapViewer 窗口(图 3-24)中,单击 Start 按钮,等待一段时间后,列表中会出现来自 192.168.112.132 的 Trap 信息。

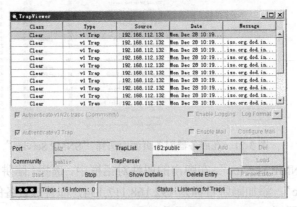

图 3-24 获取 Trap 信息

(7) 如果接收不到消息，有一种可能是系统防火墙阻止了 Trap 信息的接收。因此，我们需要设置防火墙对外开放 UDP 161 端口。这里以 Windows Server 2008 R2 防火墙设置为例，假设该系统为管理系统。展开"服务器管理器"→"配置"→"高级安全 Windows 防火墙"目录，见图 3-25。

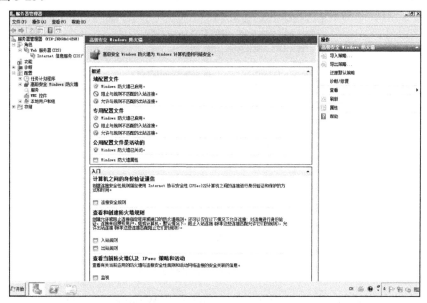

图 3-25　服务器防火墙配置页面

(8) 打开防火墙属性对话框，见图 3-26。Windows 防火墙配置文件是一种分组设置的形式，分为域、专用和公用三种。

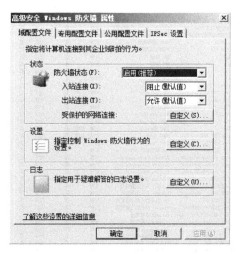

图 3-26　Windows 防火墙属性对话框

Windows 防火墙的配置需要将计算机连接到不同网络进行分别配置。其中，域配置文件是计算机连接到其所在某个域网络时使用的配置；专用配置文件是计算机连接到由管理员标识为专用网络的网络时使用的配置，这里的专用网络是未直接连接到 Internet，但位于某种安全设备之后，如 NAT 路由器或硬件防火墙。专用配置文件设置应该比域配置文件设置更为严格；公用配置文件是计算机连接到公用网络时使用的配置文件，如机场、咖啡店等公共场所。公用网络所处的环境一般是安全性最差的网络，因此公用配置文件应该是最为严格的。

要让 Trap 数据能进行接收，最简单的一种方法就是关闭防火墙，见图 3-27。但是这种方法会影响到系统的安全性，因此不建议使用这种方法。

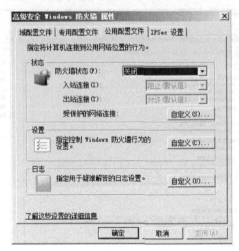

图 3-27　关闭公共网络防火墙

第二种方法是配置防火墙入站规则。打开高级安全 Windows 防火墙，选择入站规则，见图 3-28。

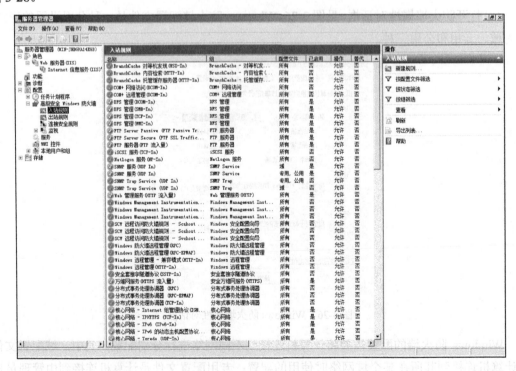

图 3-28　进入防火墙规则配置页面

单击右侧"操作"窗格中的"新建规则"选项,打开"新建入站规则向导"对话框,见图 3-29。在要创建的规则类型中选择"端口"单选按钮,单击"下一步"按钮。

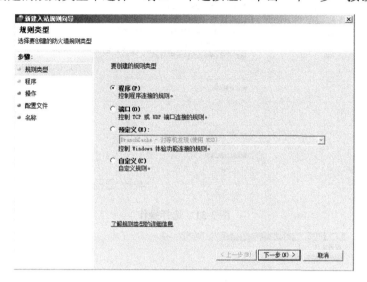

图 3-29　新建入站规则向导

接下来选择该规则应用于"UDP",适用于"特定本地端口:161",见图 3-30,单击"下一步"按钮。在打开的对话框中选中"允许连接"单选按钮,见图 3-31,单击"下一步"按钮。

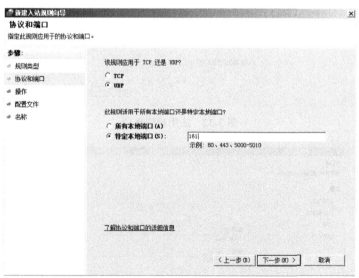

图 3-30　配置协议和端口

在规则应用的配置文件中,如果不确定,就将 3 个复选框都选中,见图 3-32,单击"下一步"按钮。

接下来为规则命名及添加描述,见图 3-33,单击"完成"按钮。

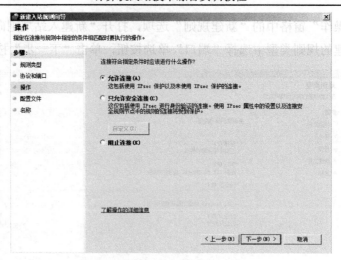

图 3-31 选择操作

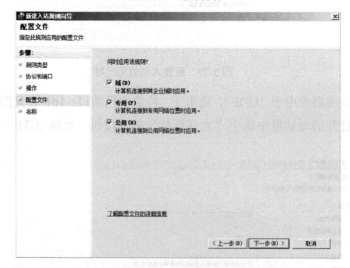

图 3-32 应用规则选项

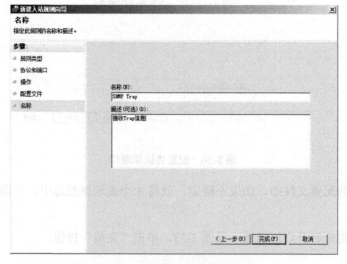

图 3-33 为规则命名并添加描述

回到入站规则界面，出现名称为"SNMP Trap"的规则，并且已启动，表明防火墙设置完成，见图 3-34。

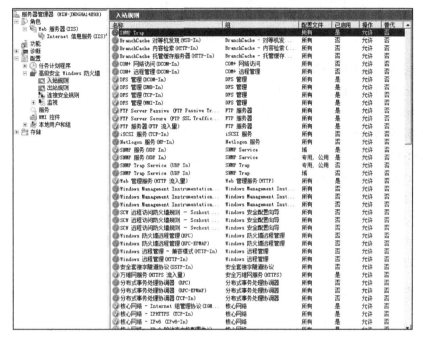

图 3-34　查看规则

3.5　任务四：Trap 接收器的实现

3.5.1　学习目标

通过编程实现 SNMP Trap 接收器的功能，以便更好地了解和掌握 Trap 报文的格式及收发流程；同时能通过通信线路的监控及时了解工作线路的状态。

3.5.2　任务描述

编程实现一个 Trap 接收器。通过接收网络设备发送的 Trap 信息，分析发生的事件以及监视网络接口的工作状态。

任务实现环境：Windows XP 操作系统，VC++ 6.0，SNMP++。

3.5.3　任务分析

在接收信息的过程中，使用系统线程等待信息的到来。同时，接收到 SNMP Trap 信息后要对信息进行解析和提取。

3.5.4　相关知识

Trap PDU 由 SNMP 代理发送给管理设备，通知管理员本地发生的重要事件。Trap PDU 由 7 部分组成，见图 3-35。

SNMP 报文（只包括 Trap）								
PDU 类型	Trap 首部				变量绑定			
	企业	代理的 IP 地址	Trap 类型	特定类型	时间戳	名称	值	名称	值	…

图 3-35 Trap PDU 由 7 部分组成

其中不同部分含义说明如下。

(1) type of PDU：PDU 类型，Trap 为 4。

(2) enterprise：企业，标准 Trap 中该值是由 MIB-II 中定义的 sysObjectID 实例的 OID；扩展 Trap 是由定义该 Trap 的企业注册获得的企业 OID。

(3) agent-addr：代理的 IP 地址，产生 Trap 的被管设备的网络地址，即 IP 地址。

(4) generic-trap：Trap 类型，用于标识其他 Trap 的类型。

(5) specific-trap：特定类型，和 Trap 类型一起标识扩展的 Trap 的类型。

(6) time-stamp：时间戳，是系统从上次启动到产生该 Trap 的时间。

(7) variable-bindings：变量绑定，指明一个或多个变量的名称和对应的值，在 get 或 get-next 报文中变量的值应忽略。

3.5.5 任务实现步骤

(1) 准备好任务实现环境，包括安装 VC++，导入 SNMP++库以及安装 SNMP Simulation Tool。

(2) 打开 VC++ 6.0，新建 Trap 项目。

(3) 项目的主要实现代码及注释如下。

```
//onTrap 是按钮的相应处理
void CSnmpMgrDlg::OnTrap()
{
    CButton *pBt;
    pBt=(CButton *)GetDlgItem(IDC_TRAP);
    if(m_bRecvTrap==false)
    {
        if(pSnmp.sessionID==FALSE)
        {
            pSnmp.CreateSession(CSnmpMgrDlg::m_hWnd,wMsg);
            pSnmp.sessionID=TRUE;
        }
        m_bRecvTrap=true;
        //创建线程，线程函数为 WorkerThreadProc,参数为 this 指针
        AfxBeginThread(WorkerThreadProc,this,THREAD_PRIORITY_NORMAL,0,0,
                      NULL);
        pBt->SetWindowText("停止接收陷阱");              //修改按钮文字
    }
    else
    {
        m_bRecvTrap=false;
        Snmp::socket_startup();
        UdpAddress address("127.0.0.1:162");
        int status;
```

```
        Snmp snmp(status, 0) ;
        Pdu pdu;
        pdu.set_notify_id("1.3.6.1");
        pdu.set_notify_enterprise( "test");
        CTarget ctarget(address);
        ctarget.set_version( version1);
        ctarget.set_readcommunity("public");
        SnmpTarget *target=&ctarget;
        status = snmp.trap(pdu,*target);    //向本机发送 Trap 以标识退出监听
        Snmp::socket_cleanup();
        pBt->SetWindowText("开始接收陷阱");
    }
}
//线程函数的实现。线程函数是一个全局函数
UINT WorkerThredProc(LPVOID Param)
{
    CSnmpMgrDlg *pCV;
    pCV=(CSnmpMgrDlg *)Param;       //将指针类型转换为 CSnmpMgrDlg *类型指针
    int trap_port=162;              //指定监听端口号
    OidCollection oidc;
    TargetCollection targetc;       //创建过滤 Trap 的对象
    CNotifyEventQueue::set_listen_port(trap_port);  //设置端口号
    int status;
    Snmp::socket_startup();
    Snmp *snmp = new Snmp(status, 0);                //创建 Snmp 对象
    if(status != SNMP_CLASS_SUCCESS)
    {
        AfxMessageBox("出现错误!");
        return TRUE;
    }
    status=snmp->notify_register(oidc, targetc,callme,Param);
    if(status != SNMP_CLASS_SUCCESS)
    {
        AfxMessageBox("出现错误!");
        return TRUE;
    }
    while(pCV->m_bRecvTrap)
        //进入 SNMPProcessEvents()函数,等待 Trap 触发回调用函数
        snmp->eventListHolder->SNMPProcessEvents();
    Snmp::socket_cleanup();
    AfxMessageBox("已停止!");
    return TRUE;
}
//回调函数,用来处理接收到的 Trap
void callme (int reason, Snmp *snmp, Pdu &pdu, SnmpTarget &target, void *cd)
{
    CString str="";
    CTime time=CTime::GetCurrentTime();
    CString time_str=time.Format("%Y-%m-%d:%H:%M:%S");    //计算接收的时间
    CSnmpMgrDlg *p;
    p=(CSnmpMgrDlg *)cd;
    Vb nextVb;
    GenAddress addr;
    target.get_address(addr);
```

```
            IpAddress from(addr);
            CString ipadd=from.get_printable();                //获取 IP 地址
            if (ipadd=="127.0.0.1")
                return;    //结束监听时本机发送的 Trap 退出循环,不作任何处理
            Oid id,ent;
            pdu.get_notify_id(id);
            pdu.get_notify_enterprise(ent);
            CString TrapId=id.get_printable();                 //获取 Trap id
            CString EnterPrise=ent.get_printable();            //获取 Enterprise
            CString index,name;
            pdu.get_vb(nextVb, 0);
            index=nextVb.get_printable_value();                //获取被管对象索引值
            pdu.get_vb(nextVb, 1);
            name=nextVb.get_printable_value();                 //获取被管对象名称
    }
```

3.6 任务五：网络故障的判断与检测

3.6.1 学习目标

通过学习使用网络抓包工具，使学生初步掌握检测与判断网络故障的基本方法。

3.6.2 任务描述

网络中最常出现的故障就是两台设备无法连通。当此情况出现时，在设备、线缆没有问题的前提下，通常考虑的是设备配置的问题，一般有两种可能：IP 地址配置错误、网关配置错误或路由表出现问题；目标主机的端口没有打开。可以通过网络抓包软件对网络数据包进行监控，根据抓取的数据包来判断网络不连通的原因。

任务实现的环境：Windows 操作系统，GNS3 v1.3.7，Wireshark v2.0。

3.6.3 任务分析

要完成任务，首先需要搭建网络环境，见图 3-36 和图 3-37。图 3-36 中，R1 尝试连通 IP 地址为 1.1.1.1 的设备，由于该设备不存在，因此 R2 返回主机不可达信息。图 3-37 中，R1 尝试连通 R3 的 69 端口，由于 R3 没有打开此端口，因此 R3 返回端口不可达信息。这里 R1~R3 为路由器，端口 69 为 TFTP 的端口（UDP）。

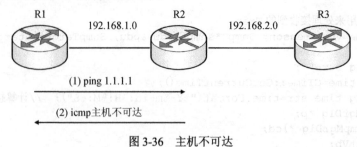

图 3-36 主机不可达

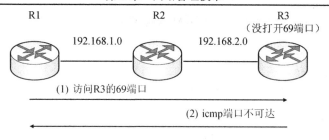

图 3-37 端口不可达

3.6.4 相关知识

网络故障涉及网络技术的各个方面，往往需要网络管理员根据现场情况和网管工具检测结果进行分析和判断，这就需要网络管理员有较强的专业知识和一定的工作经验。下面从 OSI 分层模型的角度来简要介绍常见的网络故障问题。

1．物理层问题

（1）线路问题。例如，路由器或交换机上的 uplink 灯显示不正常，出现亮一会儿，灭一下，再亮几秒的现象。可能的原因是水晶头中双绞线有 1 根坏了，此时需要用测线仪进行检测。

（2）连接设备问题，包括水晶头、光纤和光纤模块等。例如，水晶头长时间使用，里面的铜片会松动而造成连接故障，可以使用备用设备进行替换测试。

2．数据链路层问题

（1）VLAN 配置错误，特别是网络环境比较复杂时，同时进行多个 VLAN 设置可能会产生混乱而导致网络故障。

（2）网络泛洪问题，一般大规模网络都会碰到这类问题。例如，服务器与交换机连接在一起，服务器更换一个网卡（MAC 地址变动）后造成无法连通的故障。原因可能是现在的 IDC 设备的 MAC 地址表更换周期较长，比如 1 小时，因此可能没有及时更新 MAC 地址表而导致错误。

3．网络层问题

主要是配置错误问题，包括网段配置错误、网关配置错误或掩码错误等。可以使用 traceroute 命令查看 loss 的比率来判断路由配置问题。

4．应用层问题

DNS 问题、网络安全（域名劫持）或者 CDN 缓存没有及时清理等问题。

3.6.5 任务实现步骤

（1）配置 R1：

```
R1(config)#int f0/0
R1(config)#ip address 192.168.1.1 255.255.255.0
R1(config)#no shut
R1(config)#ip route 0.0.0.0 0.0.0.0 192.168.1.2
```

```
R1(config)#debug ip icmp        //开启icmp诊查
```

(2) 配置R2:

```
R2(config)#int f0/0
R2(config)#ip address 192.168.1.2 255.255.255.0
R2(config)#no shut
R2(config)#int f1/0
R2(config)#ip address 192.168.2.1 255.255.255.0
R2(config)#no shut
```

(3) 配置R3:

```
R3(config)#int f1/0
R3(config)#ip address 192.168.2.2 255.255.255.0
R3(config)#no shut
R1(config)#ip route 0.0.0.0 0.0.0.0 192.168.2.1
```

(4) 启动Wireshark进行抓包，并在Filter中输入icmp，见图3-38。

图3-38 Wireshark主界面

(5) R1首先执行ping 192.168.2.2的操作来查看网络的连通性，结果见图3-39，接着执行ping 1.1.1.1的操作，R1的反馈见图3-40。

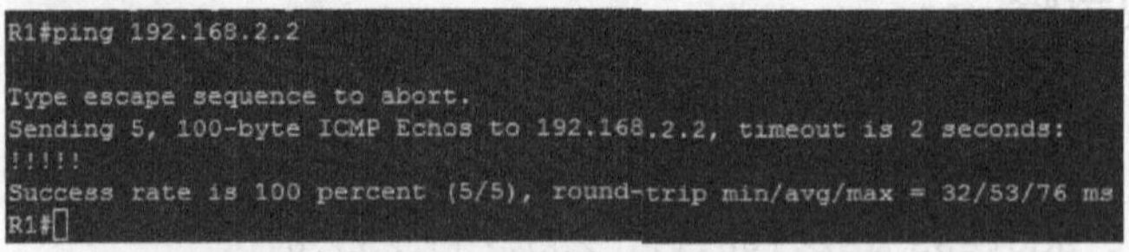

图3-39 查看与192.168.2.2的连通性

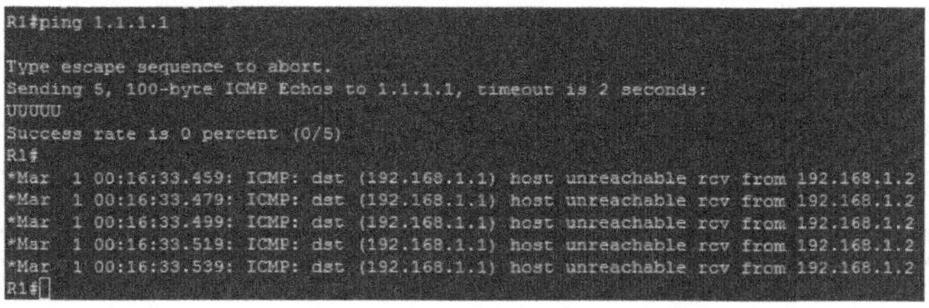

图 3-40 查看与 1.1.1.1 的连通性

Wireshark 抓包结果见图 3-41，从图中可以查看 icmp 数据包类型为 3，表明目的不可达，代码为 1，表明主机不可达。

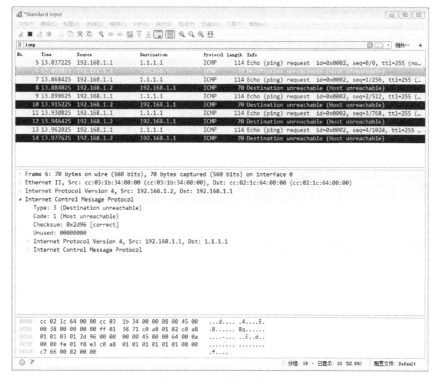

图 3-41 查看抓包情况

(6) R1 访问 R3 的端口 69，执行以下操作：

```
R1#copy tftp: flash:
Address or name of remote host []?192.168.2.2
Source filename []?test
Destination filename [r3]?✓
```

执行结果见图 3-42 和图 3-43。图 3-43 中，可以看到 icmp 数据包中类型为 3，表明目的不可达，代码为 3 表明端口不可达。

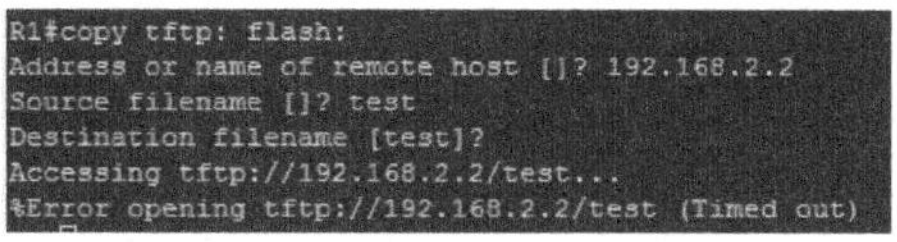

图 3-42 利用 TFTP 访问目标机器端口

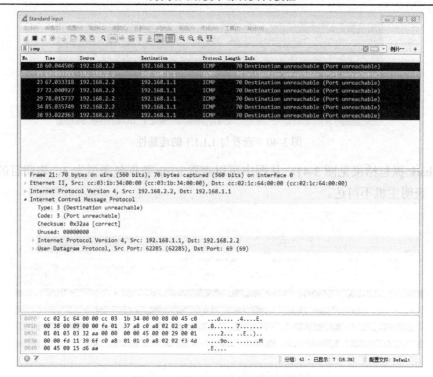

图 3-43 端口不可达的数据包情况

第4章　网络操作系统

一个计算机网络系统除了硬件设备、连接线缆、网络协议外，还需要一个操作系统对这些设备以及基于网络的各种应用和服务进行相应的管理和维护。这种面向计算机网络的操作系统称为网络操作系统(Network Operating System)。

为了更好地掌握网络操作系统操作及熟悉常用的网络服务，本章从网络操作系统简介出发，分别在 Linux 和 Windows Server 两种不同的操作系统环境下设计以下任务：

(1) Linux 环境下 DNS 服务器的配置；
(2) Linux 环境下 WWW 服务器的配置；
(3) Windows 环境下 AD 域服务的配置；
(4) Windows 环境下 WWW 服务器的配置；
(5) Windows 环境下 FTP 服务器的配置。

由于 Linux 环境与 Windows 环境有很大的差别，一些配置需要通过编写脚本实现，因此本章的难点在于在 Linux 环境下网络服务的配置。

4.1　网络操作系统简介

1. 网络操作系统基础

网络操作系统作为网络用户使用计算机网络的入口，除了一般操作系统所具备的功能，如处理器管理、存储管理、输入/输出管理、接口管理和文件系统管理等以外，还应提供相关网络服务、对网络用户和数据进行配置和管理以及为用户提供一个安全可靠的使用环境等功能，具体描述如下。

(1) 提供对网络体系结构和各种网络协议的支持。

网络体系结构(Network Architecture)是一种网络架构，采用分层思想对复杂的网络功能进行分类管理，并为每一个层次上的功能设计相应的标准。当前因特网采用的网络体系结构为 TCP/IP 所规定的四层结构。因此，如果需要连接到因特网，网络操作系统必须支持 TCP/IP 及其代表的协议族。例如，Windows Server 2008 R2 操作系统中就有对 TCP/IP 各种协议的支持。

(2) 提供网络通信和联网功能。

这是网络操作系统的基本功能。为了保证若干台计算机之间能够实现无差错、透明的数据传输，网络操作系统应具有的主要功能包括：

① 为了保证通信的可靠性，系统具有在传输双方之间建立和释放通信链路的功能；

② 为了防止数据收发双方在硬件设备上存在的差异，系统具有传输过程的流量控制功能；

③ 为了能使数据正确、快速地由发送方传输到接收方，系统具有传输路径选择功能，即

路由(Routing)功能；

④ 为了保证数据传输的正确性，系统具有对传输过程中的数据进行差错检测和纠错功能等。

(3) 提供各种网络服务功能。

丰富的网络服务功能是计算机网络的一大特色，常用的网络服务有电子邮件服务、网站发布服务、远程打印服务、文件传输服务等。网络操作系统能否高效、便捷地支持各种网络服务，也是衡量系统优劣的一个标准。

(4) 提供资源共享和管理功能。

计算机网络的主要目的之一就是要实现软硬件资源的共享。网络操作系统可以通过用户的账户及其权限实现对网络资源的访问和共享，从而保证资源访问的可靠性和安全性。常见的资源共享方式有文件共享、应用软件共享、数据库共享、硬盘共享和打印机共享等。

(5) 提供网络的容错能力和抗攻击能力。

网络操作系统具有的"容错"能力保证了网络在故障情况下仍可正常运行；随着计算机网络的大规模应用，网络攻击事件层出不穷。为了保证网络的正常运行，网络操作系统通过对网络环境的统计分析和各种防御手段承担起对抗各种网络攻击的任务。

(6) 标准化。

不同的计算机系统具有不同的软硬件设备和接口，为了使这些异构的计算机系统能够实现互连互通，网络操作系统通过标准化建设的手段兼容各种计算机系统、接口、硬件设备等。

2．常见网络操作系统

网络操作系统种类很多，按照具体实现技术的不同可分为 UNIX 类，如 Solaris、AIX 和 Free BSD 等；Linux 类，如 Red Hat、Debain、Suse 和红旗等；Windows 类，如 Windows NT 系列；Netware 类，如 Netware 系列；网络设备操作系统，如 Cisco IOS、HW IOS 等。

目前比较常见的网络操作系统主要是基于 Linux 的各种发行版本和 Windows NT 系列。接下来简要介绍这两种操作系统的特点及发展情况，以便更好地了解网络操作系统。

1) 基于 Linux 的网络操作系统

Linux 是当前最具发展潜力的计算机操作系统，Internet 的旺盛需求正推动着 Linux 的快速发展。随着 Linux 在服务器、嵌入式系统、集群计算机等方面获得越来越广泛的应用。自由与开放的特性，加上强大的网络功能，使 Linux 在 21 世纪有着无限广阔的发展前景。

基于 Linux 的网络操作系统，确切地讲应该是基于 Linux 内核的各种发行版本。由于 Linux 操作系统具有可定制性的特点，目前市场上出现了上百种发行版本，这也从侧面表明 Linux 操作系统作为网络操作系统是非常流行的。

Linux 操作系统的主要特点如下：

(1) 真正的多用户多任务；

(2) 开源软件的良好支持；

(3) 强大的可移植性；

(4) 高度的稳定性；

(5) 越发成熟的操作界面。

2) Windows NT 系列操作系统

Windows NT 系列网络操作系统是微软(Microsoft)公司推出的专门针对网络服务设备的

产品系列。1993 年 Windows NT 3.1 是该系列中第一个网络操作系统，其诞生标志着微软公司正式参与了网络操作系统的市场竞争。Windows NT 系列操作系统采用了 GUI 操作模式，比起之前的指令操作系统——DOS 更为人性化。

Windows NT 系列操作系统是目前世界上使用最广泛的操作系统之一。随着计算机硬件和应用软件的不断升级，Windows NT 系列操作系统也在不断升级，从 16 位、32 位到 64 位操作系统；从最初的 Windows NT 3.1 到比较有代表性的 Windows 2000、Windows XP、Windows Server 2003、Windows Server 2008、Windows Server 2008 R2、Windows Server 2012 以及 Windows Server 2012 R2。

Windows NT 操作系统的主要特点如下：
(1) 多用户多任务操作系统；
(2) 友好的操作界面和体验；
(3) 增强的安全性；
(4) 强大的网络功能及丰富的配套应用。

3．本章内容安排

网络操作系统的内容涵盖许多方面，本章主要面向基础网络服务设计如下实验：
(1) Linux 环境下 DNS 服务器的配置；
(2) Linux 环境下 WWW 服务器的配置；
(3) Windows 环境下 Active Directory 域服务配置基础；
(4) Windows 环境下 WWW 服务器的配置；
(5) Windows 环境下 FTP 服务器的配置。

4.2 任务一：Linux 环境下 DNS 服务器的配置

4.2.1 学习目标

通过 Bind 软件实现 Linux 环境下 DNS 服务器的配置。

4.2.2 任务描述

在 Linux 环境下安装 DNS 服务器首先需要安装 Bind 软件，接着创建 named.conf 文件对 DNS 服务器进行配置，最后使用其他计算机访问该服务器进行测试。任务环境假设配置一个符合以下条件的主域名服务器：

(1) 域名注册为 example.com，网段地址为 202.127.50.0；
(2) 主域名服务器的 IP 地址为 202.127.50.100，主机名为 dns.example.com；
(3) 要解析的服务器有 www.example.com（IP 地址为 202.127.50.100）、ftp.example.com（IP 地址为 202.120.50.200）。

注：以上 IP 地址可根据实际配置环境变化。

任务实现环境：Red Hat Enterprise Linux 操作系统 v5.10，Bind 软件。

4.2.3 任务分析

在 Red Hat 中安装 DNS 服务器,需要配置主域名服务器和辅助域名服务器,通过编写 named.conf 脚本来实现。配置完成后,还要通过其他计算机进行测试。

4.2.4 相关知识

DNS 服务是 TCP/IP 网络中的关键服务之一,其主要功能是实现域名与 IP 地址之间的转换功能。为了便于分散管理域名,DNS 服务器以区域为单位管理域名空间。区域是由单个域或具有层次关系的多个子域组成的管理单位。一个 DNS 服务器可以管理一个或多个区域,而一个区域也可由多个 DNS 服务器管理。

根据工作方式的不同,DNS 服务器分为以下类型。

1. 主 DNS 服务器

主 DNS 服务器就是创建了区域的 DNS 服务器。这里的区域数据是可读可修改的。主 DNS 服务器中的区域数据也称为正本区域数据。在一个 DNS 服务网络中,可以建立多个主 DNS 服务器,这样可以提供 DNS 服务的容错性。

2. 辅助 DNS 服务器

辅助 DNS 服务器不创建区域,它的区域数据是从主 DNS 服务器复制来的,因此,区域数据只能读不能修改,也称为副本区域数据。

当启动辅助 DNS 服务器时,辅助 DNS 服务器会和建立联系的主 DNS 服务器联系,并从主 DNS 服务器中复制数据。

辅助 DNS 服务器在工作时,会定期更新副本区域数据,以尽可能地保证副本和正本区域数据的一致性。辅助 DNS 服务器除了可以从主 DNS 服务器复制数据外,还可以从其他辅助 DNS 服务器复制区域数据。

在一个区域中设置多个辅助 DNS 服务器可以提供容错功能,分担主 DNS 服务器的负担,同时可以加快 DNS 解析的速度。

3. 主控 DNS 服务器

不论是主 DNS 服务器还是辅助 DNS 服务器,如果它向其他辅助 DNS 服务器提供区域数据的复制服务,就称此 DNS 服务器是主控 DNS 服务器。

例如,DNS 服务器 A 向 DNS 服务器 B 提供数据复制服务,则 A 就称为主控 DNS 服务器。

4. Cache-Only 服务器

Cache-Only 服务器上不存在任何区域数据,它只帮助 DNS 客户机向其他 DNS 服务器进行查询,然后将查询到的数据存储在 Cache 中,响应客户机的查询请求。Cache-Only 服务器只负责查询数据,当客户机查询数据时,如果 Cache 中存在数据,则 Cache 可以将结果快速反馈给客户机。

5. DNS 转发服务器

DNS 转发服务器是一种特殊类型的 DNS 服务器。在一个 DNS 网络中,如果客户机向指定的 DNS 服务器解析的域名不成功，DNS 服务器就可以将客户机的解析请求发送给一台 DNS 转发服务器，顾名思义，DNS 转发服务器就是将域名请求转发给其他 DNS 服务器。

本任务使用 Linux 系统中的 DNS 服务器软件 Bind，运行其守护进程 named 可完成网络中的域名解析服务。利用 Bind 可建立主 DNS 服务器、辅助 DNS 服务器以及 Cache-Only 服务器。

4.2.5 任务实现步骤

1. 配置主 DNS 服务器

1) Bind 的安装

RHEL Server 5 默认不安装与 Bind 相关的软件包，接下来将 RHEL 系统安装盘放入光驱。以 root 身份登录系统后，加载光驱。接着，运行安装 DNS 服务器软件包。

```
//首先查看是否已安装 Bind
[root@localhost ~]#rpm -qa | grep bind
//如果没有安装，则使用 rpm 命令进行安装
[root@localhost ~]#rpm -ivh /media/CDROM/Server/bind-9.3.6-20.P1.el5_8.6.i386.rpm
```

系统中与 DNS 服务器相关的软件包分别如下。

bind-9.3.6-20.P1.el5_8.6.i386.rpm：DNS 服务器软件。

bind-libs-9.3.6-20.P1.el5_8.6.i386.rpm：DNS 服务器的类库文件，默认安装。

bind-utils-9.3.6-20.P1.el5_8.6.i386.rpm：DNS 服务器的查询工具，默认安装。

bind-chroot-9.3.6-20.P1.el5_8.6.i386.rpm：Chroot 软件。

2) DNS 服务器配置

配置 Internet 域名服务器时需要使用一组文件，分别如下。

主配置文件/etc/named.conf：用于设置 DNS 服务器的全局参数，并制定区域文件名及其保存路径。

根服务器信息文件/var/named/named/ca：缓存服务器的配置文件。

正向区域文件由 named.conf 文件指定：用于实现区域内主机名到 IP 地址的正向解析。

反向区域文件由 named.conf 文件指定：用于实现区域内主机名到 IP 地址的反向解析。

使用 Chroot 后，Bind 程序的根目录为/var/named/chroot。所有与 DNS 服务相关的配置文件、区域文件等都是相对此虚拟根目录的。上述/etc/named.conf 文件真正的路径是/var/named/chroot/etc/named.conf，而/var/named 目录真正的路径是/var/named/chroot/var/named。

要配置主 DNS 服务器必须创建或修改 named.conf 文件，并建立其管辖区域的正向解析文件和反向解析文件。从国际互联网络信息中心（InterNIC）下载 named.root（ftp://ftp.rs.internic.net/domain/named.root），并将此文件更名为 named.ca 保存在/var/named/chroot/var/named 目录下。

（1）创建 named.conf 文件，并将其保存在/var/named/chroot/etc 目录下，文件内容如下：

```
options{
directory "/var/named";};
zone "."{
    type hint;
    file "name.ca";};
zone "example.com"{
```

```
        type master;
        file "example.com.zone";};
zone "50.127.202.in-addr.arpa"{
        type master;
        file "202.127.50.rev";};
```

(2)创建 example.com.zone 文件,并将其保存在/var/named/chroot/var/named 目录下,内容如下:

```
$TTL    86400
@   IN    SOA    dns.example.com.  root.dns.example.com.(
                    201408081001;
                    3H;
                    15M;
                    1W;
                    1D;
)
        IN    NS        dns.example.com.;
dns     IN    A         202.127.50.100;
www     IN    CNAME     dns.example.com.;
ftp     IN    A         202.127.50.200;
```

(3)创建 202.127.50.rev 文件,并将其保存在/var/named/chroot/var/named 目录下,内容如下:

```
$TTL    86400
@   IN    SOA    dns.example.com.  root.dns.example.com.(
                    201408081001;
                    3H;
                    15M;
                    1W;
                    1D;
)
        IN    NS     dns.example.com.;
100     IN    PTR    dns.example.com.;
100     IN    PTR    www.example.com.;
200     IN    PTR    ftp.example.com.;
```

(4)启动 named 守护进程。

```
[root@localhost ~]# service named start
Starting named:                            [ OK ]
```

(5)查看/var/log/messages 文件,了解 DNS 服务器是否成功启动。虽然上述步骤显示已正常启动 named 守护进程,但 DNS 服务器可能仍然存在问题,因此需要查看日志文件,若发现问题可依据提示进行修改。

2. 辅助 DNS 服务器配置

假设需要配置一个符合以下条件的主域名服务器和辅助域名服务器:

(1)域名注册为 example.com,网段地址为 202.127.50.0;
(2)主域名服务器的 IP 地址为 202.127.50.100,主机名为 dns.example.com;
(3)辅助域名服务器的 IP 地址为 202.127.50.30,主机名为 second.example.com;
(4)要解析的服务器有 www.example.com(IP 地址为 202.127.50.100)、ftp.example.com(IP

地址为 202.127.50.200)。

创建主域名服务器的 named.conf 文件，保存在/var/named/chroot/var/named 目录下，内容如下：

```
$TTL 86400
@     IN    SOA    dns.example.com.   root.dns.example.com.(
                   201408090801;
                   3H;
                   15M;
                   1W;
                   1D;
)
      IN    NS     dns.example.com.;
      IN    NS     second.example.com.;
dns   IN    A      202.127.50.100;
www   IN    CNAME  dns.example.com.;
ftp   IN    A      202.127.50.200;
second IN   A      202.127.50.30;
```

创建反向区域文件 202.127.50.rev 文件，保存于/var/named/chroot/var/named 目录下，内容如下：

```
$TTL 86400
@     IN    SOA    dns.example.com.   root.dns.example.com.(
                   201408090801;
                   3H;
                   15M;
                   1W;
                   1D;
)
      IN    NS     dns.example.com.;
      IN    NS     second.example.com.;
100   IN    PTR    dns.example.com.;
100   IN    PTR    www.example.com.;
200   IN    PTR    ftp.example.com.;
30    IN    PTR    second.example.com.;
```

启动主域名服务器的 named 守护进程，并查看/var/log/messages 文件确保 DNS 服务器工作正常。

在辅助域名服务器的/var/named/chroot/etc 目录下创建 named.conf 文件，内容如下：

```
options{
directory "/var/named"; };
zone "."{
   type hint;
   file "name.ca";};
zone "example.com"{
   type slave;
   file "slaves/example.com.zone";};
zone "50.127.202.in-addr.arpa"{
   type slave;
   file "slaves/202.127.50.rev";
   masters{202.127.50.100;};
};
```

启动辅助域名服务器的 named 守护进程,并查看/var/log/messages 文件确保正确。辅助域名服务器正常启动后将自动复制主域名服务器中的区域文件,并将其保存于默认的 /var/named/chroot/var/named 目录下。

3. DNS 服务器的测试

在 Linux 环境中可以使用 host 命令来测试 DNS 服务器是否配置成功,例如:

```
[root@localhost ~]# host 202.127.50.100
100.50.127.202.in-addr.arpa  domain name pointer www.example.com
100.50.127.202.in-addr.arpa  domain name pointer dns.example.com
[root@localhost ~]# host www.example.com
dns.example.com has address 202.127.50.100
```

在 Windows 下测试 DNS 服务器,首先配置 DNS 客户端,如图 4-1 所示。然后打开命令行控制台界面,使用 ping 命令进行测试,如图 4-2 所示。

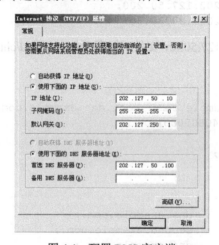

图 4-1 配置 DNS 客户端

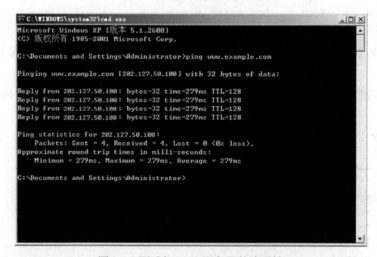

图 4-2 测试与 DNS 服务器的连通性

4.3 任务二：Linux 环境下 WWW 服务器的配置

4.3.1 学习目标

通过该任务，学生应能掌握 Linux 环境下 Apache 服务器的配置，从而可以建立个人 Web 网站。

4.3.2 任务描述

在 Linux 环境中实现 WWW 服务器，首先安装 Apache 服务器，接着配置 Apache 服务器可让 Linux 计算机中的每一个用户都架设个人 Web 站点。这里有两种配置方式：基于 IP 地址的虚拟主机和基于域名的虚拟主机。

任务实现环境：Red Hat Enterprise Linux 操作系统 v5.10，Apache 软件。

4.3.3 任务分析

任务可以分解为三个步骤完成。

（1）安装 Apache 服务器时，注意命令的使用，即不同的 Linux 发行版本，安装软件的命令有所不同。服务器安装完成后，要在防火墙中开启 WWW 服务，否则测试无法通过。

（2）搭建个人 Web 站点。需要修改 httpd.conf 文件、设置 mod_userdir.c 模块来搭建个人 Web 网站。接着设置个人 Web 网站的访问权限。

（3）设置虚拟主机阶段。该阶段有两种方案：基于 IP 地址与基于域名。通常采用后者，这需要向 DNS 服务器或运营商申请域名。

4.3.4 相关知识

WWW 服务是目前应用最广的一种基本互联网应用。通过 WWW 服务，只要用鼠标进行本地操作，就可以连接到世界上的任何地方。WWW 服务器负责管理 Web 站点的管理与发布，比较流行的是使用 Apache、微软的 IIS 等服务器软件。WWW 客户机可以通过浏览器软件查看网页，如 Internet Explorer、Google Chrome、Firefox 等。

Apache HTTP Server（简称 Apache）是 Apache 软件基金会的一个开放源码的网页服务器。Apache 是一个模块化的服务器，源于 NCSAhttpd 服务器，经过多次修改，目前成为世界使用排名第一的 Web 服务器软件。其主要优点在于：①源代码开放，且支持跨平台的应用（可以运行在几乎所有的 UNIX、Windows、Linux 系统平台上），因此具有良好的可移植性；②快速、可靠并且可扩展性好，如通过简单的 API 扩展就能将 Perl/Python 等解释器编译到服务器中。

Linux 目前已然成为架设 WWW 服务器的首选，因此本任务将进行 Apache 软件的安装与配置来实现 WWW 服务。

4.3.5 任务实现步骤

1. Apache 服务器的安装

RHEL Server 5 默认不安装 Apache 软件包，把 RHEL Server 5 的 DVD 安装光盘放入光驱，加载光驱后超级用户先安装与 Apache 软件包存在依赖关系的软件包 postgresql-libs-8.1.4-1.1.

i386.rpm，如下所示：

```
[root@localhost ~]#rpm -ivh /media/CDROM/Server/postgresql-libs-8.1.4-1.1.
i386.rpm
```

然后安装 Apache 服务器的运行类库 apr（Apache Portable Runtime Library）软件包及其工具软件包：

```
[root@localhost ~]#rpm -ivh /media/CDROM/Server/apr-1.2.7-11.i386.rpm
[root@localhost ~]#rpm -ivh /media/CDROM/Server/apr-util-1.2.7-6.i386.rpm
```

最后安装 Apache 软件包：

```
[root@localhost ~]#rpm -ivh /media/CDROM/Server/httpd-2.2.3-6.e15.i386.rpm
```

由此可以看出，RHEL Server 5 中与 Apache 服务器密切相关的软件包如下。
postgresql-libs-8.1.4-1.1.i386.rpm：postgresql 类库。
apr-1.2.7-11.i386.rpm：Apache 运行环境类库。
apr-util-1.2.7-6.i386.rpm：Apache 运行环境工具类库。
httpd-2.2.3-6.e15.i386.rpm：Apache 服务器软件。

安装完毕后，测试 Apache 服务器是否安装成功，首先要设置防火墙开放 WWW 服务，然后启动 httpd 服务：

```
[root@localhost ~]#service httpd start
```

接着打开 Web 浏览器，输入服务器的 IP 地址进行访问，如果出现图 4-3 所示界面，则表示 Web 服务器安装正确并正常运行。

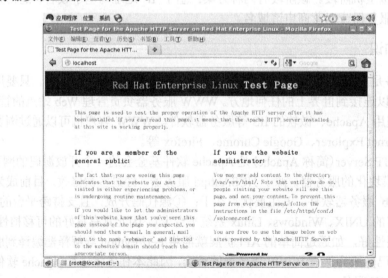

图 4-3 Web 服务器测试

2. 搭建 Web 站点

配置 Apache 服务器可让 Linux 计算机中的每一个用户都架设个人 Web 站点。首先要修改 Apache 服务器的配置文件 httpd.conf，允许每个用户架设个人 Web 站点。

默认情况下用户主目录中的 public_html 子目录是用户个人 Web 站点的根目录。而

public_html 目录默认并不存在，因此凡是要架设个人站点的用户都必须在其主目录中新建这个目录。用户主目录的默认权限为"rwx------"，即除了用户本人外，其他用户都不能进入此目录。为了让用户站点能被浏览，需要修改用户主目录的权限，添加其他用户的执行权限。

(1) 修改 httpd.conf 文件，设置 mod_userdir.c 模块的内容，允许用户架设个人 Web 站点。mod_userdir.c 模块默认内容如下：

```
<IfModule mod_userdir.c>
    #
    # UserDir is disabled by default since it can confirm the presence
    # of a username on the system (depending on home directory
    # permissions).
    #
    UserDir disable
    #
    # To enable requests to /~user/ to serve the user's public_html
    # directory, remove the "UserDir disable" line above, and uncomment
    # the following line instead:
    #
    #UserDir public_html
</IfModule>
```

保留说明语句，将其修改为(注意粗体字)：

```
<IfModule mod_userdir.c>
    # UserDir is disabled by default since it can confirm the presence
    # of a username on the system (depending on home directory
    # permissions).
    # UserDir disable

    # To enable requests to /~user/ to serve the user's public_html
    # directory, remove the "UserDir disable" line above, and uncomment
    # the following line instead:
    UserDir public_html
</IfModule>
```

(2) 管理员可以根据实际需要设置用户个人 Web 站点的访问权限。

```
<Directory /home/*/public_html>
    AllowOverride FileInfo AuthConfig Limit
    Options MultiViews Indexes SymLinksIfOwnerMatch IncludesNoExec
    <Limit GET POST OPTIONS>
        Order allow,deny
        Allow from all
    </Limit>
    <LimitExcept GET POST OPTIONS>
        Order deny,allow
        Deny from all
    </LimitExcept>
</Directory>
```

(3) 将个人 Web 站点的网页文件和目录都保存在 public_html 子目录中。
(4) 修改用户(这里假设为 userOne)主目录的权限，添加其他用户的执行权限。

```
[root@localhost ~]#chmod 701 /home/userOne
```

(5) 重新启动 httpd 进程后，即可访问个人 Web 站点。

3．基于 IP 地址的虚拟主机

(1) 利用相同 IP 地址的不同端口设置虚拟主机。

在 IP 地址为 202.127.50.100 的主机上设置两个虚拟主机，端口分别为 8000 和 8888。编辑 httpd.conf 文件，添加如下内容：

```
Listen 8000
Listen 8888
<VirtualHost 202.127.50.100:8000>
DocumentRoot /var/www/vhost-ip1
</VirtualHost>
<VirtualHost 202.127.50.100:8888>
DocumentRoot /var/www/vhost-ip2
</VirtualHost>
```

在/var/www 目录下分别建立 vhost-ip1 和 vhost-ip2 目录，并分别在两个目录下创建 index.html 文件。

重新启动 httpd 守护进程后，输入 http://IP:Port 访问虚拟主机。

(2) 利用不同 IP 地址设置虚拟主机。

假设主机上仅有一块网卡，IP 地址为 202.127.50.100，要求设置两个虚拟主机，分别使用 202.127.50.100 和 202.127.50.120 两个地址。

创建两个设备别名，并设置其 IP 地址：

```
[root@localhost ~]#ifconfig eth0:0 202.127.50.100
[root@localhost ~]#ifconfig eth0:1 202.127.50.120
```

编辑 httpd.conf 文件，添加以下内容：

```
<VirtualHost 202.127.50.100>
DocumentRoot /var/www/vhost-ip3
</VirtualHost>
<VirtualHost 202.127.50.120>
DocumentRoot /var/www/vhost-ip4
</VirtualHost>
```

在/var/www 目录下分别建立 vhost-ip3 和 vhost-ip4 目录，并分别在两个目录下创建 index.html 文件。

重新启动 httpd 守护进程后，输入 http://IP 访问虚拟主机。

4．基于域名的虚拟主机

配置基于域名的虚拟主机时，必须向 DNS 服务器注册域名，否则无法访问到主机。假设主机的 IP 地址为 202.127.50.100，设置两个虚拟主机，域名分别为 name1.example.com 和 name2.example.com。

(1) 向正向区域文件中添加 A 记录，说明域名 name1.example.com 和 name2.example.com 与 IP 地址 202.127.50.100 的对应关系。

```
$TTL 86400
@ IN SOA dns.example.com. root.dns.example.com.(
```

```
                    201408090801;
                    3H ;
                    15M ;
                    1W ;
                    1D ;
)
            IN   NS    dns.example.com.;
    dns     IN   A     202.127.50.100;
    name1   IN   A     202.127.50.100;
    name2   IN   A     202.127.50.200;
```

(2)向反向区域文件添加 PTR 记录,说明 IP 地址与 202.127.50.100 和域名 name1.example.com 与 name2.example.com 的对应关系。

```
$TTL  86400
@ IN SOA dns.example.com.  root.dns.example.com.(
                    201408090801;
                    3H;
                    15M;
                    1W;
                    1D;
)
            IN   NS     dns.example.com.;
    100     IN   PTR    dns.example.com.;
    100     IN   PTR    name1.example.com.;
    100     IN   PTR    name2.example.com.;
```

(3)重新启动 named 守护进程。

(4)编辑 httpd.conf 文件,添加以下内容:

```
NameVirtualHost 202.127.50.100
<VirtualHost 202.127.50.100>
DocumentRoot /var/www/vhost-name1
ServerName name1.example.com
</VirtualHost>
<VirtualHost 202.127.50.100>
DocumentRoot /var/www/vhost-name2
ServerName name2.example.com
</VirtualHost>
```

(5)在/var/www 目录下分别建立 vhost-name1 和 vhost-name2 目录,并分别在两个目录下创建 index.html 文件。

(6)重新启动 httpd 守护进程后,输入 http://域名来访问虚拟主机。

4.4 任务三:Windows 环境下 AD 域服务的配置

4.4.1 学习目标

通过该任务让学生了解和掌握 Windows Server 中 AD(Active Directory)的安装和管理服务

功能，从而更好地理解 Windows Server 的网络管理架构。

4.4.2 任务描述

在服务器上安装 AD，并创建 AD 域，将属于相同域的计算机添加进该域进行管理。接下来在域环境中创建域账户，并对其进行管理。

任务实现环境：Windows Server 2008 R2。

4.4.3 任务分析

任务可以分解为四个模块完成。

(1) 安装 AD。注意域的管理是通过 DNS 方式实现的，因此在安装前要先申请 DNS 域名。

(2) 域控制器的删除。从域控制器上删除 AD，则其角色就变成成员服务器。

(3) 将计算机加入到域。计算机是域中的管理对象，将计算机添加到域中是非常有用的操作。

(4) 域账户管理，即对组、用户账户的管理。

4.4.4 相关知识

局域网上的资源需要管理，域和工作组就是 Windows 系统两种不同的网络资源管理模式。相对于松散管理结构的工作组，域对资源的管理更加严格、安全，因为域之间相互访问需要建立信任关系。域是一种逻辑的组织形式，包含的对象可以是用户、用户组、计算机和安全策略等。

Windows 如何管理域？通过 AD 进行管理。AD 是面向 Windows Server 的负责架构中大型网络环境的集中式目录管理服务。AD 存储了有关网络对象的信息，并且让管理员和用户能够轻松地查找和使用这些信息。接下来介绍 AD 中的几个概念。

组织单元(OU)：是域下面的容器对象，用于组织对活动目录对象的管理，是最小的管理单元。

域树：若所处的网络环境相当庞大与复杂，在 AD 中会有数个网域，若需要在网域中共享资料或是作委派管理与组态设定时，便需要建立彼此间的组织关系，微软将 AD 中多网域的相互关系阶层化，称为网域树，其结构以 DNS 识别方式来区分。

森林：在多个网域的环境下，可能在不同的网域之间会需要交换与共享资源，如组态设定、使用者账户与群组原则设定等。此时需要有一个角色来作为不同网域间的信息交换角色，同时必须符合 AD 树状结构的规范，因此微软在多个网域之间建立了一个角色，称为森林(Forest)。一个组织中最多只能有一个 Forest，Forest 下是各自的网域树，而在 Forest 下的网域或网域树系间可以共享资源。

AD 的主要功能如下。

基础网络服务：包括 DNS、WINS、DHCP、证书服务等。

服务器及客户端计算机管理：对加入域的所有服务器和客户端计算机通过组策略进行有效管理。

用户服务：管理用户域账户、用户信息、企业通讯录（与电子邮件系统集成）、用户组、用户身份认证、用户授权等。

资源管理：管理打印机、文件共享服务等网络资源。

桌面配置：系统管理员可以集中配置各种桌面配置策略，如用户使用域中资源权限限制、界面功能的限制、应用程序执行特征限制、网络连接限制、安全配置限制等。

应用系统支撑：支持财务、人事、电子邮件、企业信息门户、办公自动化、补丁管理、防病毒系统等各种应用系统。

4.4.5 任务实现步骤

Active Directory 客户机使用 DNS 来定位域控制器。将 Windows Server 2008 服务器的基本系统安装完成之后，可以通过手动安装 DNS 和 DCPromo（创建 DNS 和 Active Directory 的命令行工具），也可以使用 Windows Server 2008 R2 管理服务器向导进行安装。

1. Windows Server 2008 管理服务器安装

安装 AD DS 之前需验证 Windows Server 2008 R2 系统，配置 TCP/IPv4 属性，设置 AD DS 的数据库、日志文件以及 SYSVOL 文件夹。在计算机 Win 上安装 Active Directory 域服务和 DNS 服务，域名为"foshan.com"。

(1) 执行"开始"→"运行"命令，在运行对话框中输入 dcpromo 命令，出现如图 4-4 所示的界面，开始安装 Active Directory 域服务二进制文件。

(2) Active Directory 域服务二进制文件安装完之后，将打开如图 4-5 所示的"Active Directory 域服务安装向导"界面，通过该向导把当前计算机配置为域控制器。

图 4-4 开始安装 Active Directory 界面

图 4-5 Active Directory 域服务安装向导

(3) 单击"下一步"按钮，出现"操作系统兼容性"对话框。

(4) 单击"下一步"按钮，在出现的"选择某一部署配置"对话框中选中"在新林中新建域"单选按钮，如图 4-6 所示。注意，由于 Windows Server 2008 R2 加强了密码管理，因此需要先开启用户账户的密码,使用命令 net user administrator /passwordreq:yes 实现。

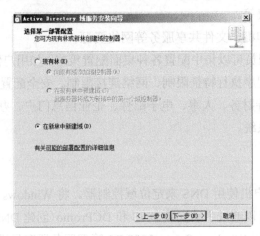

图 4-6 选择"新建域"

(5)单击"下一步"按钮,出现"命名林根域"对话框,在"目录林根级域的 FQDN"文本框中输入新的林根级完整的域名系统名称 foshan.com,如图 4-7 所示。

(6)单击"下一步"按钮,开始检查网络中是否已经存在名为 foshan.com 的林的名称,如果没有检查到该林,则出现如图 4-8 所示的对话框。

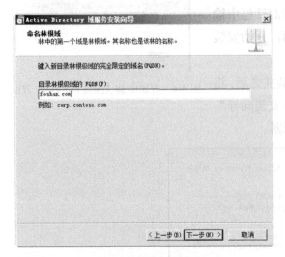

图 4-7 命名林根域

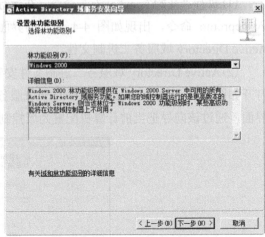

图 4-8 设置林功能级别

(7)单击"下一步"按钮,出现如图 4-9 所示的"设置域功能级别"对话框。有 Windows 2000 纯模式、Windows Server 2003 和 Windows Server 2008 三个域功能级别,默认域功能级别为 Windows 2000 纯模式。

(8)单击"下一步"按钮,开始检查计算机上的 DNS 配置,检查完毕出现"其他域控制器选项"对话框,选中"DNS 服务器"复选框将该计算机配置为 DNS 服务器,如图 4-10 所示。

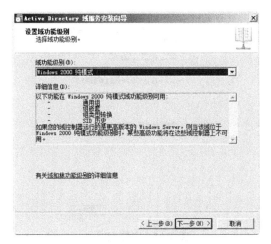
图 4-9　设置域功能级别

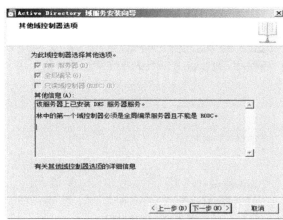
图 4-10　其他域控制器选项

(9) 单击"下一步"按钮，弹出如图 4-11 所示的界面，该信息表示因为无法找到有权威的父域或未运行 DNS 服务器，所以无法创建该 DNS 服务器的委派。

(10) 单击"是"按钮，出现"数据库、日志文件和 SYSVOL 的位置"对话框，在该对话框中指定活动目录数据库、日志文件以及 SYSVOL 文件夹的存储位置，其中 SYSVOL 文件夹必须存储在 NTDS 文件系统的分区上，如图 4-12 所示。

图 4-11　无法创建 DNS 服务器的委派提示框

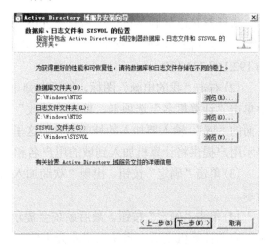
图 4-12　设置不同文件的存储位置

(11) 单击"下一步"按钮，出现"摘要"对话框，该对话框显示以上步骤设置的相关信息。确认信息没错，则单击"下一步"按钮，开始安装 DNS 和 Active Directory 域服务，过程如图 4-13 所示。

(12) 整个安装 Active Directory 域服务的过程需要几分钟时间，安装完成后会出现如图 4-14 所示的"完成 Active Directory 域服务安装向导"对话框，表示 Active Directory 域服务安装成功。

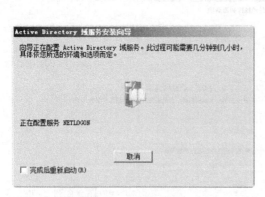
图 4-13 创建过程

图 4-14 安装完成

2. 域控制器的删除

安装好的域控制器的角色是可以更改的，可以使用 Active Directory 域服务安装向导，在成员服务器上安装 Active Directory，以使其成为域控制器，也可从域控制器上删除 Active Directory，使其成为成员服务器。

3. 将计算机加入到域

将计算机添加到 Windows Server 2008 域中的详细操作步骤如下。

(1) 打开需要添加进域的客户端计算机 TCP/IP 属性对话框，将首选 DNS 的 IP 地址设置为 192.168.234.130。

(2) 右击"我的电脑"图标，然后在弹出的快捷菜单中选择"属性"命令。在打开的界面中单击"计算机名"选项卡，单击"更改"按钮启动计算机名称更改功能。单击"隶属于"下面的"域"，输入要加入的域的名称，这里可以输入"foshan.com"，然后单击"确定"按钮，提示用户提供将计算机加入到域的用户名和用户密码。

(3) 单击"确定"按钮，出现"欢迎加入域"消息框，说明计算机已成功加入域，如图 4-15 所示。

(4) 单击"确定"按钮，最后系统会提示"重新启动计算机"。重新启动计算机之后，系统设置才会生效。

4. 域账户管理

Active Directory 用户账户和计算机账户代表物理实体，如人或计算机。用户账户也可用作某些应用程序的专用服务账户。用

图 4-15 欢迎加入域的消息框

户账户、计算机账户以及组也称为安全主体。安全主体是被自动指派了安全标识符(SID)的目录对象。

1) 组的创建

Windows Server 2008 中的组是可包含用户、联系人、计算机和其他组的 Active Directory 或本机对象。通过使用组可以管理用户和计算机对 Active Directory 对象及其属性、网络共享

位置、文件、目录、打印机列队等共享资源的访问,也可以进行筛选器组策略设置,还可以创建电子邮件通信组等。

(1)单击"开始"按钮,选择"管理工具"→"Active Directory 用户和计算机"命令。

(2)单击 foshan.com 旁边的"+"号将其展开。单击"foshan.com"本身,显示如图 4-16 所示的右窗格的内容。

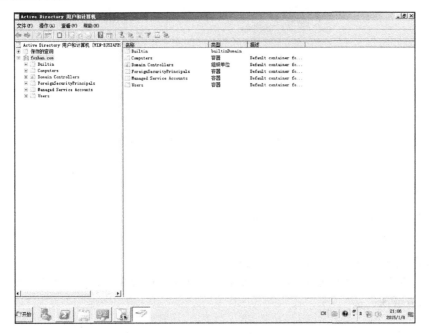

图 4-16 域用户管理界面

(3)在图 4-16 的左窗格中,右击 foshan.com,从弹出的快捷菜单中选择"新建"命令,然后在打开的界面中单击"组织单位"按钮,如图 4-17 所示。

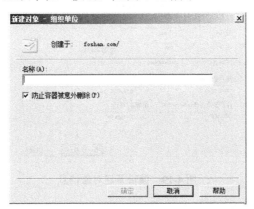

图 4-17 创建组织单位

(4)在名称框中输入 student,单击"确定"按钮。

(5)重复步骤(3)和步骤(4)以创建 teacher 和 manager 组织单位。

(6)在图 4-18 所示界面的左窗格中单击 student,此时将在右窗格中显示其内容(此过程开始时它是空的)。

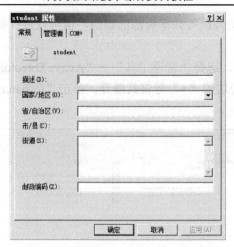

图4-18 编辑组织单位student的属性

(7)右击student,从弹出的快捷菜单中选择"新建"命令,然后在打开的界面中单击"组织单位"按钮。

(8)输入dormOne,单击"确定"按钮。

2)用户账户的创建

下面的操作将在第一学生宿舍区创建用户。

(1)在左窗格中,右击dormOne,从弹出的快捷菜单中选择"新建"命令,然后在打开的界面中单击"用户"项。

(2)输入san作为名,输入zhang作为姓(注意,在"姓名"文本框中将自动显示全名),如图4-19所示。

图4-19 编辑新建对象信息

(3)单击"下一步"按钮。

(4)在"密码"和"确认密码"文本框中输入相应密码,然后单击"下一步"按钮继续进行操作。

(5)单击"完成"按钮。此时,zhangsan作为用户名显示在右窗格的foshan.com/student/dormOne下面,如图4-20所示。

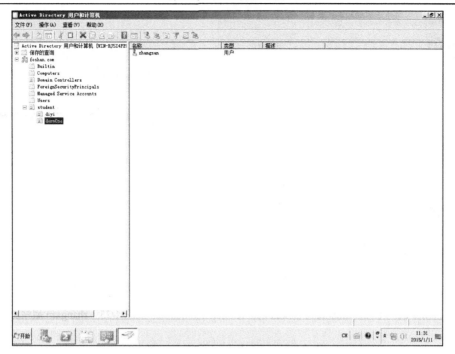

图 4-20　浏览新建用户

3) 将用户添加到安全组中的操作步骤

(1) 在图 4-20 的右窗格中，右击 zhangsan，选择"添加到组"命令，打开"选择组"对话框，如图 4-21 所示。

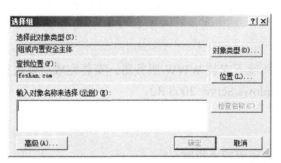

图 4-21　"选择组"对话框

(2) 单击"高级"按钮，然后在打开的界面中单击"立即查找"按钮，如图 4-22 所示。

(3) 按住 Ctrl 键并单击用户名，从下面部分中选择所有相应的用户。在突出显示所有成员后，单击"确定"按钮，将需要加入的成员添加到 Administrators 组中，单击"确定"按钮。

(4) 右击打开 zhangsan 的属性页，如图 4-23 所示。

(5) 关闭"Active Directory 用户和计算机"管理单元。至此，完成了计算机组织和用户的添加。

图 4-22 单击"立即查找"按钮

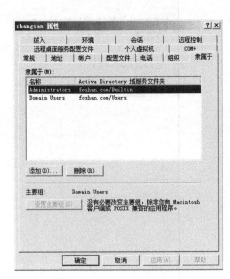
图 4-23 zhangsan 属性页

4.5 任务四：Windows 环境下 WWW 服务器的配置

4.5.1 学习目标

通过该任务让学生能够掌握 Windows Server 环境下 WWW 服务器的安装和配置。

4.5.2 任务描述

在 Windows Server 环境下安装 WWW 服务器。安装完成后要进行相应的测试和配置。
任务实现环境：Windows Server 2008 R2。

4.5.3 任务分析

要完成任务需要依次完成如下步骤：
(1) IIS 的安装；
(2) IIS 的测试；
(3) 主目录的配置；
(4) Web 网站主页的配置；
(5) 物理目录与虚拟目录的配置；
(6) 其他配置，包括日志管理、权限管理及性能设置等。

4.5.4 相关知识

WWW(World Wide Web)是因特网上最流行的应用之一。可以说，正是有了 WWW，才有了因特网快速发展的今天。WWW 采用 C/S (Client/Server) 结构，其功能是整理和存储各种 WWW 资源，并能够响应客户端的请求把资源发送给网络的其他用户。

4.5.5 任务实现步骤

1．IIS 的安装

通过添加 Web 服务器角色的方式在 Windows Server 2008 R2 上安装 IIS。
（1）单击服务器管理器图标,接着单击角色界面右边的"添加角色"按钮,见图 4-24。
（2）选择 Web 服务器(IIS),单击"下一步"按钮,见图 4-25。

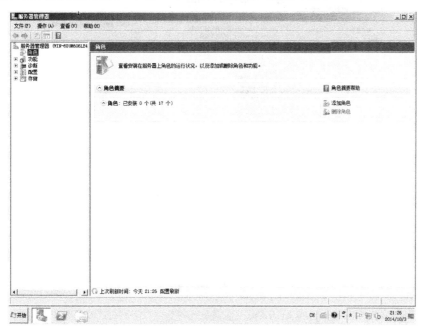

图 4-24　添加角色

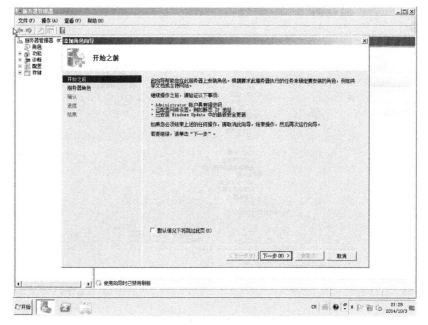

图 4-25　添加角色向导

(3) 选择角色服务，根据搭建 Web 网站的需求选择为 Web 服务器(IIS)安装的角色服务，单击"下一步"按钮，见图 4-26 和图 4-27。

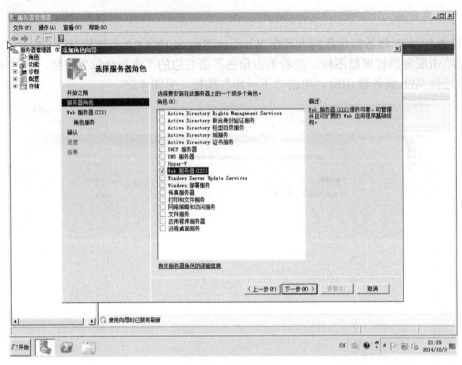

图 4-26　选择角色

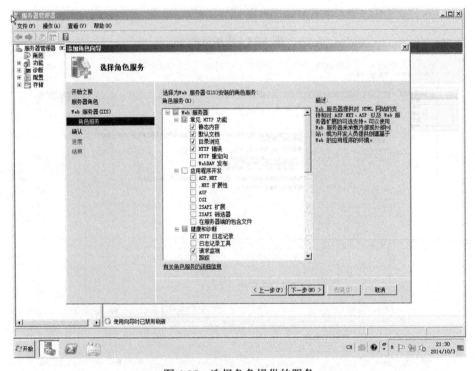

图 4-27　选择角色提供的服务

(4)进入安装进度,见图4-28,安装完成后角色界面内容发生变化,见图4-29。

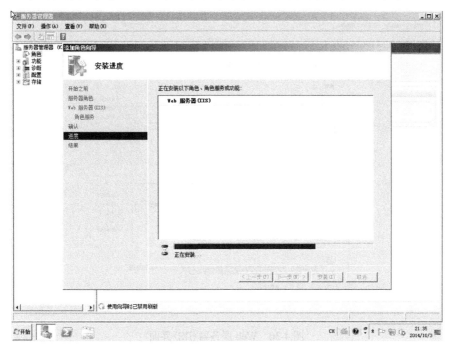

图4-28 安装过程

图4-29 安装完成后的界面

2. IIS 的测试

IIS 安装后可以通过服务器管理器的角色界面中的 Web 服务器(IIS)对 IIS 网站进行管理,

如图 4-30 所示。该 Web 服务器中已经内置一个网站 Default Web Site，见图 4-31。

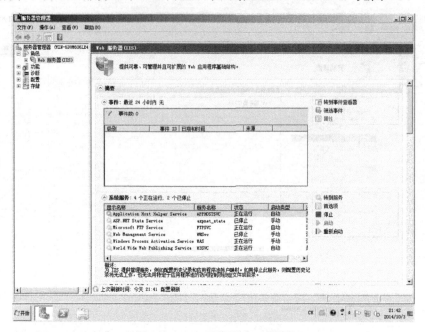

图 4-30　Web 服务器(IIS)界面

图 4-31　Web 网站管理界面

IIS 安装是否正确，可以通过以下方式之一来测试。

(1) 利用 DNS 网址：打开浏览器，在地址栏输入网址 http://www.test.com，这里假设该 Web 服务器已分配了域名 www.test.com。

(2) 利用 IP 地址：在浏览器的地址栏中输入 Web 服务器的 IP 地址，这里假设该 Web 服务器已分配的 IP 地址为 192.168.58.136。

(3) 利用计算机名称：在浏览器的地址栏中输入 Web 服务器所在计算机的名称 http://MyWebServer，这里假设为 MyWebServer。

如果 IIS 安装正确，则通过上述三种方式之一即可打开默认网页，如图 4-32 所示。

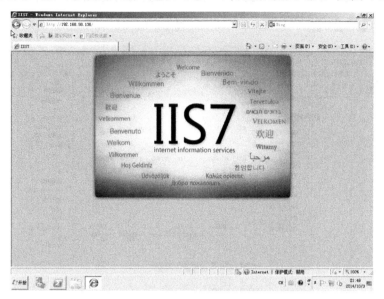

图 4-32　IIS 安装测试

3．主目录的配置

配置网站主目录可以通过"服务器管理器"→"IIS 管理器"→"基本设置"进行查看与配置，如图 4-33 所示。图中网站名称为 Default Web Site；应用程序池为 DefaultAppPool；物理路径为%SystemDrive%\inetpub\wwwroot，其中%SystemDrive%就是 Windows Server 2008 R2 系统所在的磁盘分区，这里为 C:。

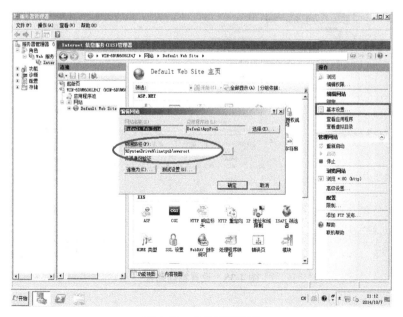

图 4-33　主目录的配置

网站名称可以通过右击 Default Web Site 进行重命名,见图 4-34。应用程序池可以通过"选择"进行更改,物理路径也可以通过按钮"…"进行重新设置,见图 4-35。当用户访问网站时,如果有权限限制,可以单击"连接为"按钮,设置访问的权限,具体步骤见图 4-36。

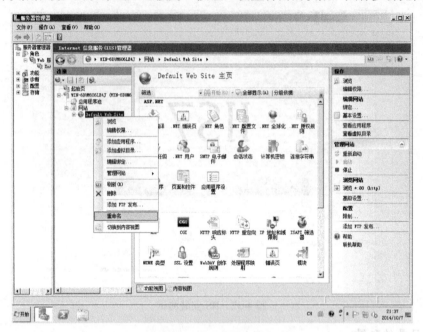

图 4-34　重命名网站

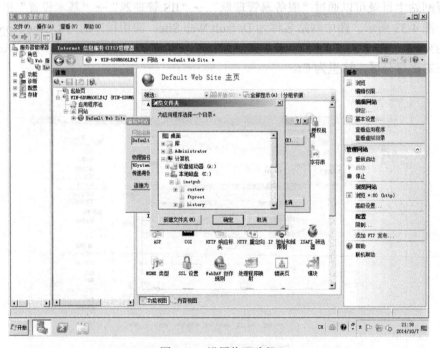

图 4-35　设置物理路径

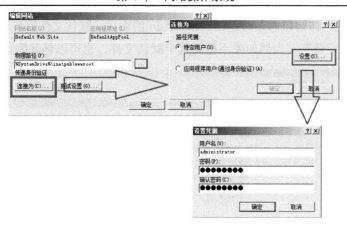

图 4-36 权限设置

注：应用程序池（Application Pools）是管理一组 URL 的工具，其中每个 URL 链接一个或多个工作进程。通过这些链接实现不同工作进程的隔离，从而使这些工作进程不会相互干扰，即当某个进程出现问题时不会导致其他进程崩溃。使用应用程序池能显著提高网站架构的可靠性和可管理性。

4．Web 网站主页的配置

当用户访问网站时，网站都会将一个默认页面返回给用户，这个默认页面通常称为首页（Default Page）。通过服务器管理器→IIS 管理器→Default Web Site 主页打开"默认文档"，见图 4-37。

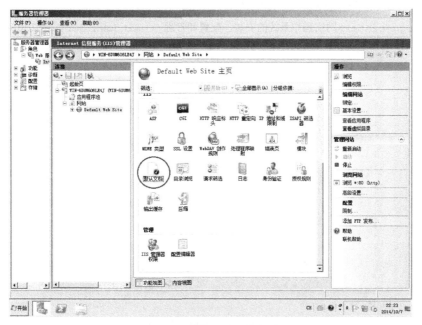

图 4-37 选择"默认文档"

进入默认文档后，看到几个文件名称按优先级从高到低的顺序排列，见图 4-38。例如，初次进入操作系统，由于在当前主目录 %SystemDrive%\inetpub\wwwroot 中仅有文件

iisstart.htm，因此用户访问该网站时返回 iisstart.htm 的内容。默认文件的该顺序可以通过右侧的上下移动功能进行调整。当然如果不需要某个默认文件，也可以将其删除。

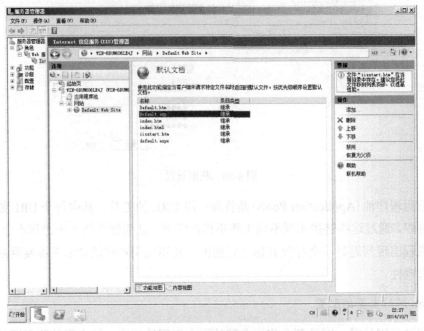

图 4-38　默认文档的配置

在主目录中添加 default.htm 文件，代码如下。然后打开浏览器访问网站，可以看到网站的默认主页已变为 default.htm，见图 4-39。

```
<h2 align=center>网络操作系统的安装、配置和管理——Windows Server 2008 R2</h2>
```

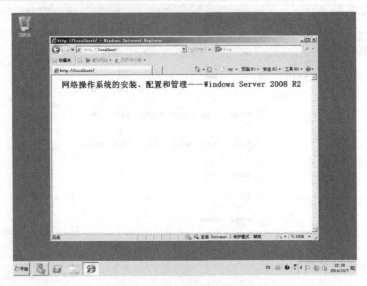

图 4-39　显示编辑过的主页

如果网站正在升级或者维护，可以暂时将用户请求链接到另一个网站，而不需要停止当前网站而导致无法访问。要实现这个功能需要启用 HTTP 重定向功能，见图 4-40。在图 4-41

中，我们把所有到 www.test.com 的请求重定向到 www.temp.com。

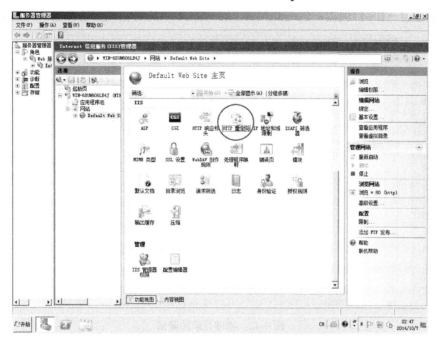

图 4-40 选择"HTTP 重定向"功能

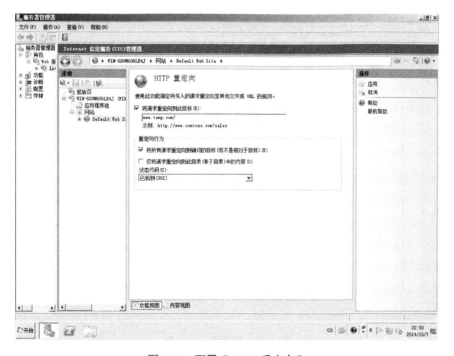

图 4-41 配置"HTTP 重定向"

5．物理目录与虚拟目录的配置

在主目录 C:\inetpub\wwwroot 下创建文件夹 Sub1，然后在该文件夹里创建 index.htm 文件。

接着打开浏览器,在地址栏输入"http://localhost/sub1"进行测试,结果见图4-42。也可以通过服务器管理器→IIS管理器→Default Web Site→Sub1中的内容视图进行操作,见图4-43。

图 4-42　物理目录的测试

图 4-43　物理目录的管理

为了测试虚拟目录,在C盘下创建文件夹Virtual Test,并在其下创建默认文件index.htm。接着在Default Web Site界面右侧单击"添加虚拟目录"项,在弹出的对话框中进行设置,见图4-44。接着可以看到在Default Web Site目录中增加了virtual目录(virtual为别名),见图4-45。打开内容视图可以看到 index.htm 文件。接着打开浏览器,在地址栏输入网址

"http://localhost/virtual"后,结果见图 4-46。

图 4-44　添加虚拟目录

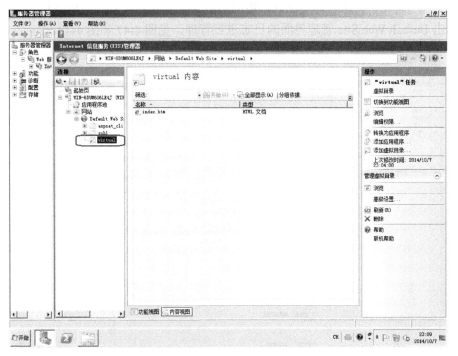

图 4-45　虚拟目录的配置

图 4-46 虚拟目录的测试

6. 其他配置

Windows Server 2008 R2 的 IIS 配置功能非常丰富,下面将介绍日志管理、权限管理及性能设置等几方面内容。

在服务器管理中,日志管理是比较常用的功能。在 Windows Server 2008 R2 的 IIS 中,可以通过单击 Default Web Site 管理界面的日志进行管理,见图 4-47 和图 4-48。

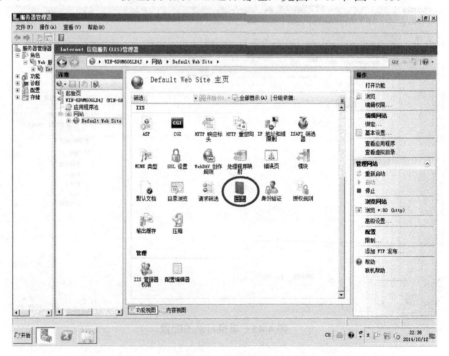

图 4-47 选择日志

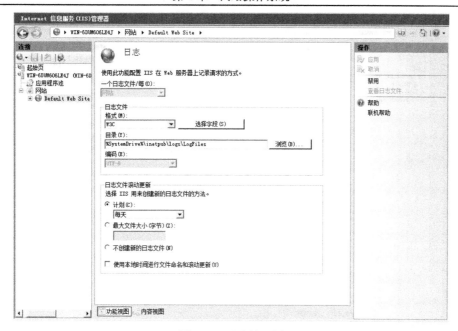

图 4-48 日志的配置

对网站而言，不同用户登录网站需要不同的权限，在 Default Web Site 管理界面中的 IIS 管理器权限对用户的权限进行管理，见图 4-49 和图 4-50。

图 4-49 IIS 管理器权限

由于网站的负载能力有限，因此需要通过限制带宽来调整网站可占用的带宽，即该网站最多可收发的数据包流量。此外，一个用户连接如果超过 120 秒没有数据交互，系统默认设置为中断该连接；通过设置同时连接的最大网站数来维护网站的运行效率，见图 4-51。

图 4-50 IIS 管理器权限配置

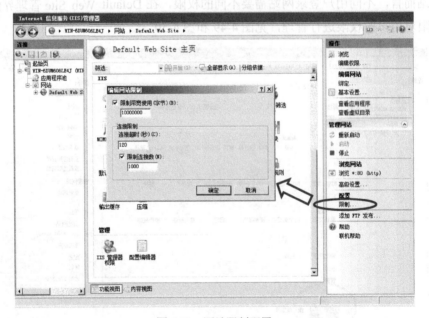

图 4-51 网站限制配置

4.6 任务五：Windows 环境下 FTP 服务器的配置

4.6.1 学习目标

通过该任务使学生能够掌握 Windows Server 环境中 FTP 服务器的安装和配置方法。

4.6.2 任务描述

在 Windows Server 环境下安装、测试和配置 FTP 服务器。

任务实现环境：Windows Server 2008 R2。

4.6.3 任务分析

完成任务需要依次完成以下步骤：

(1) FTP 服务器的安装；
(2) FTP 站点的测试；
(3) FTP 站点的目录配置；
(4) FTP 站点的信息设置；
(5) FTP 站点的安全配置。

4.6.4 相关知识

FTP 是在 TCP/IP 网络和 Internet 上最早使用的协议之一，其主要功能是使文件能在不同平台上实现高速可靠的传输。

FTP 是 TCP/IP 四层体系结构中应用层的协议，基于传输层 TCP 进行传输而不是 UDP，因此 FTP 客户端和服务器之间建立连接前需要进行"三次握手"，从而保证了客户端与服务器之间的连接是可靠的、面向连接的。FTP 是一个 8 位的客户端-服务器协议，能操作任何类型的文件而不需要进一步处理，就像 MIME 或 Unicode 一样。然而 FTP 有着极大的延时，这意味着从开始请求到第一次接收需求数据之间的时间会非常长，并且不时地必须执行一些冗长的登录进程。

使用 FTP 时需要登录，在获得权限后才可以对共享文件进行操作。然而，运行 FTP 服务的许多站点都开放匿名服务，在这种设置下，用户不需要账号就可以登录服务器。默认情况下，匿名用户的用户名是"anonymous"，这个账号不需要密码。虽然通常要求输入用户的邮件地址作为认证密码，但这只是一些细节或者此邮件地址根本不被确定，而是依赖于 FTP 服务器的配置情况。

随着计算机网络技术的发展，FTP 也经历了漫长的功能进化，虽然 WWW 已能实现其大部分功能，但是 FTP 所具有的优点仍使 FTP 得到广泛的应用，尤其是在企业内部网中。FTP 的主要优点如下。

(1) FTP 具有跨平台性的特点。FTP 标准不受平台和硬件的限制。与大多数 TCP/IP 类似，可以在一台 Linux 服务器上架设 FTP 服务，而在 Windows 客户端上访问，反之亦然。

(2) FTP 简单易于实现，部署方便。FTP 作为最早的互联网应用协议，发展至今，有许多应用软件支持。

(3) 架设 FTP 服务器相对简单、方便和灵活。

(4) FTP 传输数据的效率相对于 HTTP 等协议较高，其搭建环境的效率也比较高。

然而，FTP 由于其制定时间早，当时并未考虑到网络安全等问题，使得 FTP 存在许多不尽如人意之处。FTP 缺点主要表现在以下几方面。

(1) 工作模式问题。当数据通过数据流传输时，控制连接处于空闲状态；当控制连接空闲一定时间后，客户端的防火墙会将其会话置为超时。这样当大量数据通过防火墙时，虽然文件可以成功地传输，但因为控制会话会被防火墙断开，传输会产生错误。

(2) 安全问题。在 FTP 客户端和服务器端，数据以明文的形式传输，任何对通信路径上的路由具有控制能力的人，都可以通过"网络嗅探"来获取密码和数据。现在，可以使用 SSL 封装 FTP，但由于 FTP 是通过建立多次连接进行数据传输的，很难保证数据传输的安全性。

(3) FTP 工作效率低。例如，从 FTP 服务器上检索一个文件，包含繁复的交换握手步骤；而传输一个文件，FTP 需要往复 10 次交换信息，而 HTTP 只需要 2 次。

4.6.5 任务实现步骤

1. FTP 服务器的安装

在 Windows Server 2008 R2 中 FTP 服务器是集成在 IIS 中的，可以通过 IIS 的角色安装来安装 FTP 服务器，见图 4-52。

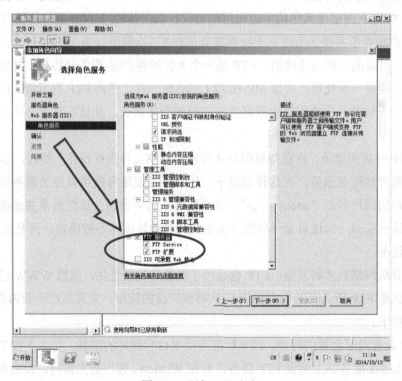

图 4-52 添加 FTP 角色

在 FTP 服务器安装完成后，接着将建立 FTP 站点。首先需要创建或者安排一个已存在的文件夹作为 FTP 站点的主目录(Home Directory)，见图 4-53。

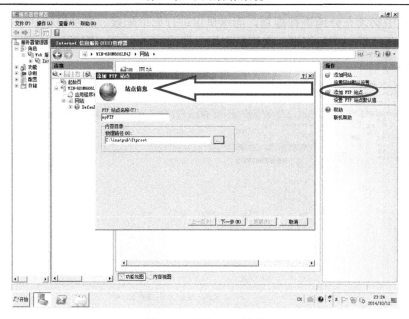

图 4-53 添加 FTP 站点

在图 4-53 中，我们创建的 FTP 站点名称为"myFTP"，内容目录的物理路径选择 IIS 中默认的文件夹 C:\inetpub\ftproot 文件夹作为站点的主目录。接着单击"下一步"按钮，打开图 4-54 所示界面，图中未配置 IP 地址和端口号，如果服务器的公有 IP 地址已申请，可以在此处填入该 IP。同时，为了安全，一般不采用 FTP 的默认端口号 21，可以使用其他的编号，如 8080 等。相应地，如果已申请了 FTP 站点的域名，则可以在虚拟主机一栏中填入该域名。作为 FTP 服务器，自动启动 FTP 站点的选项需要选中，如果 FTP 站点并未拥有 SSL 证书，则 SSL 选项中选择无。

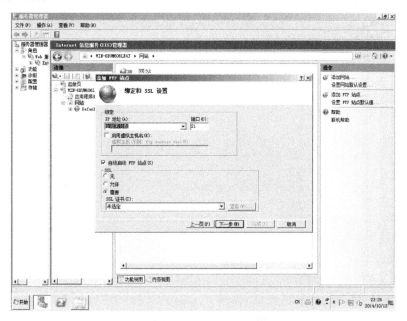

图 4-54 配置 IP 和端口等信息

在单击"下一步"按钮后，进入身份验证和授权信息的配置界面，见图 4-55。在实际 FTP

服务器的配置中必须充分地进行规划,而这里仅进行简单配置。在身份验证中,同时选中匿名和基本的身份验证。在授权中,允许所有用户访问 FTP 站点,同时拥有读取的权限,但不具有写入的权限。

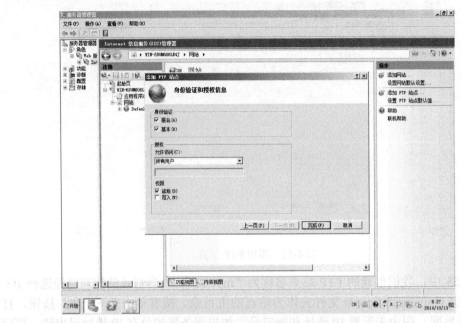

图 4-55 身份验证和授权信息配置

在单击"完成"按钮后,myFTP 站点创建成功并已处于启动状态,见图 4-56。我们可以通过右侧操作栏中的重新启动、停止等改变站点的运行状态。

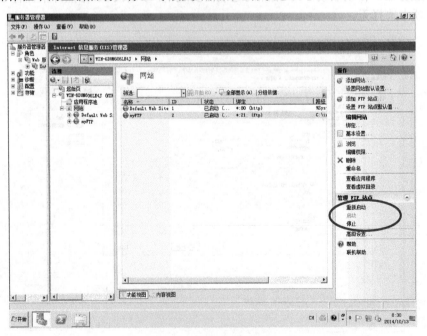

图 4-56 FTP 站点的管理

在连接栏中，选择 myFTP，可以进入 myFTP 站点的管理界面，见图 4-57。在此界面中，可以对访问 FTP 站点的 IPv4 地址进行限制；可以通过 FTP SSL 增强站点的访问安全性；可以通过 FTP 当前会话对已登录的用户进行管理。除此之外，IIS 还为我们提供了 FTP 防火墙支持、FTP 请求筛选和 FTP 日志等管理功能。

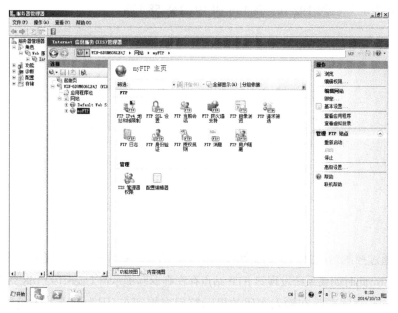

图 4-57　myFTP 站点主页

IIS 允许网站与 FTP 站点实现集成管理，因此可以新建集成到网站的 FTP 站点。通过在 Default Web Site 右键快捷菜单中选择"添加 FTP 发布"命令来进行安装，见图 4-58，其安装过程与上述步骤相同。这里要注意的是，该方式中 FTP 站点的主目录即是 Web 网站的主目录（如 C:\inetpub\wwwroot），因此安装中不需要指定站点的主目录。

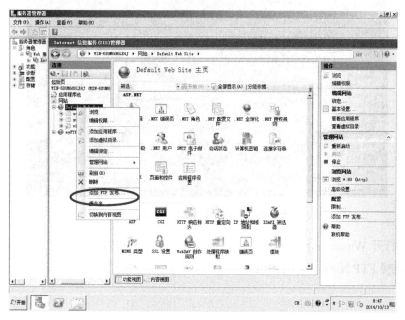

图 4-58　添加 FTP 发布

2. FTP 站点的测试

FTP 站点安装完成后，可以通过其他计算机采用三种方式登录该站点，了解已测试站点是否安装成功。首先介绍测试环境，见图 4-59。图中 FTP 服务器与 PC 客户机同处于一个局域网中，其 IP 地址分别为 192.168.58.136 和 192.168.58.128。

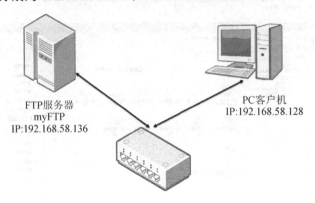

图 4-59　FTP 站点测试环境

方式 1：通过控制台模式登录，见图 4-60。运行系统的控制台，在命令提示符后键入命令：ftp192.168.58.136，此时如果系统发现该 FTP 站点存在则返回提示符 User<192.168.58.136:<none>>:，输入 anonymous 并回车，在输入密码的提示符后直接回车（因为站点并未设置用户密码）进入 FTP 客户端。登录后可以使用 dir 命令查看 FTP 站点的共享文件。

【提示】　如果该站点有申请 DNS 域名，则可以直接使用命令：ftp 域名。

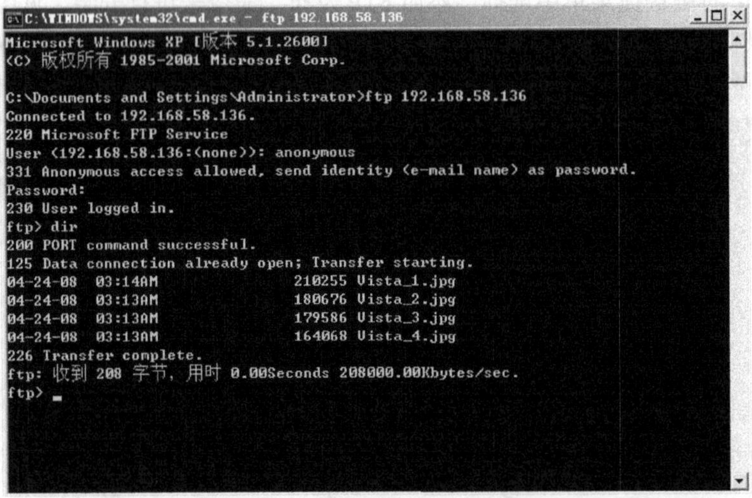

图 4-60　使用控制台登录 FTP 站点

方式 2：打开 Windows 资源管理器，在地址栏中输入 ftp://192.168.58.136，管理器会自动用匿名方式连接 FTP 站点，见图 4-61。

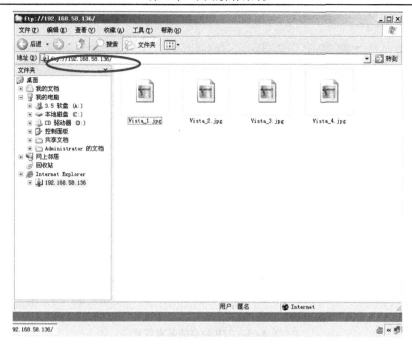

图 4-61　使用资源管理器登录 FTP 站点

方式 3：与方式 2 类似，还可以通过浏览器连接站点，见图 4-62。

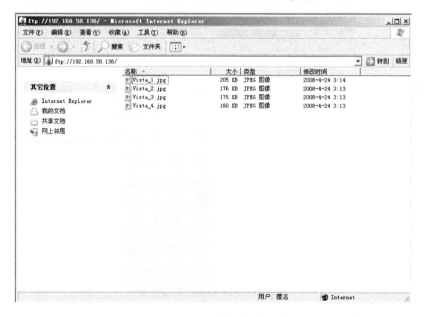

图 4-62　使用浏览器登录 FTP 站点

3．FTP 站点的目录配置

从前面的描述可知，可以通过三种方式连接至某个 FTP 站点，当用户登录站点后，首先显示的是 FTP 站点的主目录。该主目录可以通过基本设置进行修改，当然这里使用 IIS 的默认设置 C:\inetpub\ftproot，见图 4-63。还可以通过高级设置修改主目录，见图 4-64。

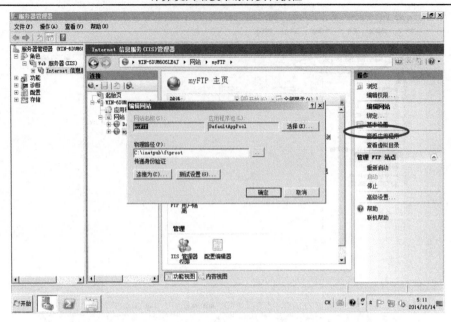

图 4-63　FTP 站点的基本设置

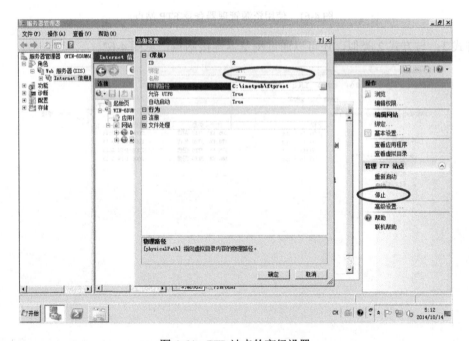

图 4-64　FTP 站点的高级设置

在主目录下创建的子文件夹被称为物理目录。而虚拟目录指的是将文件存储在磁盘中的某个文件夹(不包括主目录及其子文件夹)，然后通过虚拟目录与该文件夹建立起映射关系。用户通过虚拟目录的别名访问该文件夹的文件。这样做的好处在于用户无须知道文件在磁盘中的具体位置，只要知道别名即可访问该文件夹内的文件(别名无更改的情况)。

在 IIS 管理器中，单击 FTP 站点管理界面右侧的"添加虚拟目录"按钮，见图 4-65。在添加虚拟目录界面中填写别名和物理路径，见图 4-66。这里别名为"myShare"，其物理路径为 C:\myDoc。

图 4-65　添加虚拟目录

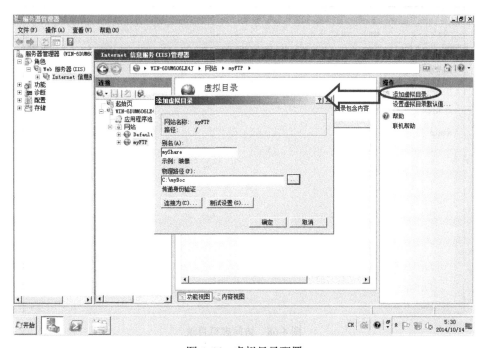

图 4-66　虚拟目录配置

虚拟目录设置完成后，在 myFTP 下可以看到多了一个 myShare 文件夹的快捷方式，见图 4-67。接着在客户机上打开浏览器，在地址栏输入 ftp://192.168.58.136/myshare，见图 4-68，该图表明用户此时在访问别名为 myShare 的文件夹。

图 4-67　虚拟目录管理

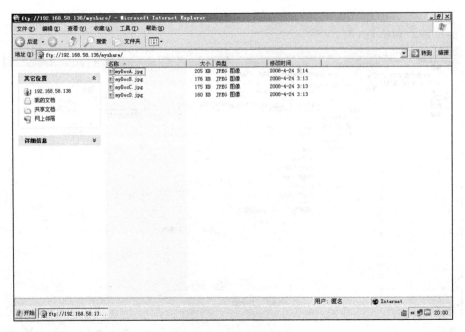

图 4-68　访问虚拟目录

4. FTP 站点的信息设置

当用户登录 FTP 站点时，可以设置 FTP 站点的信息以便用户更快地了解该站点。在 FTP 站点 myFTP 主页中单击 FTP 消息，见图 4-69。进入 FTP 消息后，显示消息行为和消息文本两项内容，见图 4-70。

第 4 章 网络操作系统

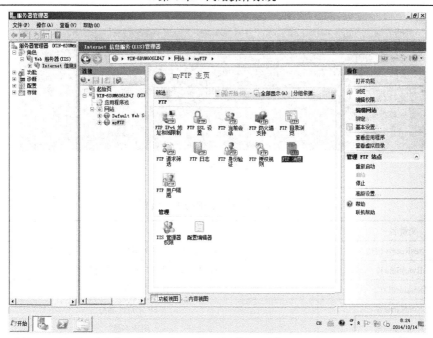

图 4-69 选择 FTP 消息

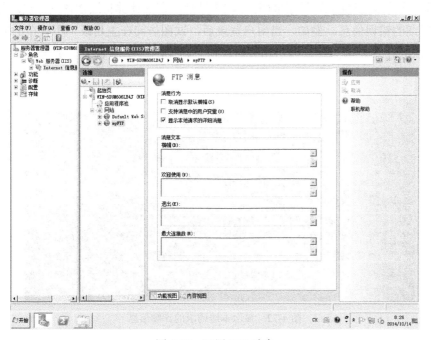

图 4-70 配置 FTP 消息

消息行为选项中,"取消显示默认横幅"指的是不显示图 4-71 圈中的站点默认信息 220 Microsoft FTP Service。

"支持消息中的用户变量"指的是支持在消息中使用 FTP 服务所提供的变量,见表 4-1。

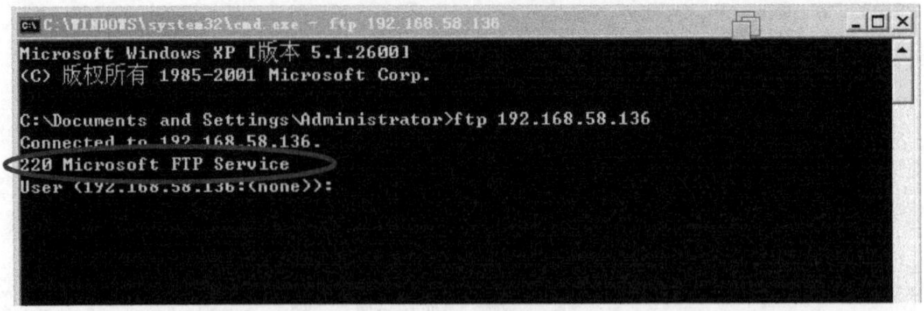

图 4-71 默认信息

表 4-1 支持消息中的用户变量

变量名	说明
%BytesReceived%	此次连接中从服务器传给客户端的字节数
%BytesSent%	此次连接中从客户端传给服务器的字节数
%SessionID%	此次连接的标识符
%SiteName%	FTP 站点的名称
%UserName%	用户名称

"显示本地请求的详细信息"指的是当 FTP 站点所在的计算机连接该站点出现错误时,是否要显示详细的错误信息。例如,当用户登录后,试图访问在主目录下不存在的或者被删除的目录"myShareC",则系统会显示相关错误信息,见图 4-72。注意,如果是客户端,则不会显示。

图 4-72 显示本地请求的详细信息

消息文本选项中,"横幅"指的是用户连接 FTP 站点时最先看到的提示信息;"欢迎使用"指的是用户登录后显示的提示信息;"退出"指的是当用户退出 FTP 站点时显示的提示信息;"最大连接数"指的是当连接 FTP 站点的用户数超过设置的连接数量限制时所显示的提示信息。这里的信息可以配合表 4-1 中的用户变量使用。

在消息文本中输入信息,如图 4-73 所示,则当用户连接 FTP 站点的时候会显示相关信息,见图 4-74 和图 4-75。

图 4-73　编辑 FTP 消息

图 4-74　FTP 站点信息测试 1

图 4-75　FTP 站点信息测试 2

5．FTP 站点的安全配置

由于 FTP 站点提供的是共享资源的服务，因此对登录的用户需要进行身份验证和权限设置。前面的例子都是以匿名用户的身份登录站点的，具有读取的权限，这也是站点的默认设置。首先，单击 myFTP 主页中的 FTP 身份验证，见图 4-76。

图 4-76 选择 FTP 身份验证

进入 FTP 身份验证界面中,可以看到有匿名身份验证和基本身份验证两种模式,且都已启动。可以通过右侧的"编辑"操作对两种模式进行更改。在基本身份验证中,可以添加用户所在的默认域。编辑匿名身份验证中,系统为匿名用户创建的默认用户名为 IUSR,我们可以为这个用户创建密码,见图 4-77。

图 4-77 编辑匿名用户身份验证

其次,对用户的权限进行设置。单击"FTP 授权规则"项,见图 4-78。

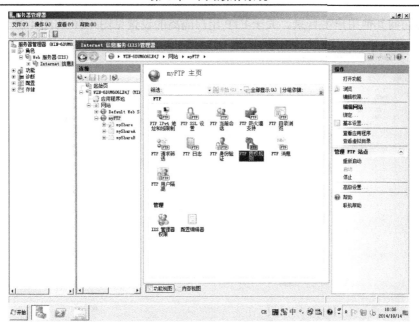

图 4-78 选择 FTP 授权规则

进入 FTP 授权规则界面后,可以单击"添加允许规则"和"添加拒绝规则"操作项对用户权限进行管理。这里选择"添加允许规则"操作项,见图 4-79。可以指定不同的用户具有"读取"或"写入"的权限。"读取"权限允许用户下载文件;而"写入"权限允许用户上传文件至站点。

图 4-79 添加允许授权规则

IIS 还提供了 FTP 用户隔离(FTP User Isolation)功能,让用户在连接 FTP 站点时不是进入默认的 FTP 站点主目录,而是进入用户的专属主目录。同时可以限制用户只能访问其专属主目录而不能访问其他用户主目录。关于 FTP 用户隔离的设置见图 4-80 和图 4-81。

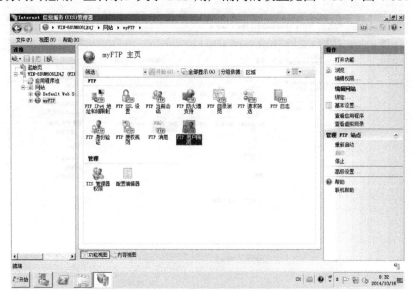

图 4-80 选择 FTP 用户隔离

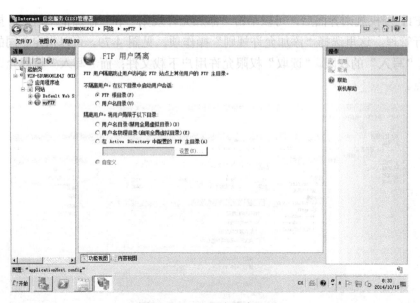

图 4-81 FTP 用户隔离配置

在 FTP 用户隔离的选项中有不隔离用户和隔离用户两种。不隔离用户：不会隔离用户，仅使用户进入不同的主目录、FTP 根目录和用户名目录。隔离用户：将用户限制在相关目录中，包括用户名目录(禁用全局虚拟目录)、用户名物理目录(启用全局虚拟目录)和在 Active Directory 中配置的 FTP 主目录。

第 5 章 网络协议与编程实现

网络协议是计算机网络实现互连互通的基础,而针对网络协议的编程实现是理解和掌握网络协议的最佳学习方法之一,这里以 Windows 网络编程为主。

本章首先回顾网络协议的基础知识,接着以常用协议 TCP、UDP 和 FTP 等为基础,设计了以下任务:

(1) 基本网络程序设计;
(2) 基于 TCP 的聊天程序设计;
(3) 基于 UDP 的聊天程序设计;
(4) FTP 服务器程序设计。

通过以上编程实现常用网络协议的任务,能使读者快速、直观地理解和掌握网络协议的构成和实现方式。

5.1 网络协议与网络编程基础

5.1.1 网络协议介绍

网络协议是为计算机网络中进行数据交换而建立的规则、标准或约定的集合。网络协议一般由语义、语法和时序(也称为"同步")三个要素组成。

(1) 语义:解释控制信息每个部分的意义。它规定了需要发出何种控制信息,以及完成的动作和作出什么样的响应。

(2) 语法:是用户数据与控制信息的结构与格式,以及数据出现的顺序。

(3) 时序:是对事件发生顺序的详细说明。

由于网络节点之间通信的复杂性,在制定协议时,往往采用分层的方式将不同的网络功能进行分割,不同层次的协议解决不同的问题,而层次间的通信通过明确的服务及接口标准进行。常用的协议主要有 TCP/IP、NetBEUI 和 IPX/SPX 协议三种。其中 TCP/IP 是最重要的一个,是互联网的基础协议。

TCP/IP 将网络功能划分为四个层次,分别为网络接口层、网际层、传输层和应用层。下面对四个层次进行简要介绍。

1. 网络接口层

TCP/IP 中的网络接口层对应 OSI(Open System Interconnection)结构中的物理层与数据链路层,因而具有连接设备管理和链路维护等方面的功能。

(1) 物理层的功能是为传输数据所需要的物理链路创建、维持、拆除而提供具有机械的、电子的、功能的和规程的特性。

① 机械特性:也叫物理特性,指明通信实体间硬件连接接口的机械特点,如接口所用接

线器的形状和尺寸、引线数目和排列、固定和锁定装置等。

② 电子特性：规定了在物理连接上，导线的电气连接及有关电路的特性，一般包括接收器和发送器电路特性说明、信号的识别、最大传输速率的说明、与互连电缆相关的规则、发送器的输出阻抗、接收器的输入阻抗等电气参数等。

③ 功能特性：指明物理接口各条信号线的用途（用法），包括接口功能的规定方法，接口信号线的功能分类——数据信号线、控制信号线、定时信号线和接地线4类。

④ 规程特性：指明利用接口传输比特流的全过程及各项用于传输的事件发生的合法顺序，包括事件的执行顺序和数据传输方式，即在物理连接建立、维持和交换信息时，DTE/DCE双方在各自电路上的动作序列。

(2) 数据链路层的功能是在物理层提供的服务的基础上向网络层提供服务，其最基本的服务是将源自网络层的数据可靠地传输到相邻节点的目标机网络层。为达到这一目的，数据链路层必须具备一系列相应的功能，主要有：如何将数据组合成数据块，在数据链路层中称这种数据块为帧（Frame），帧是数据链路层的数据传输单位；如何控制帧在物理信道上的传输，包括如何处理传输差错，如何调节发送速率以使其与接收方相匹配；以及在两个网络实体之间提供数据链路通路的建立、维持和释放的管理。

数据链路层主要包括逻辑链路控制子层和介质访问控制子层两个子层。

逻辑链路控制（Logical Link Control，LLC）子层是局域网中数据链路层的上层部分，IEEE 802.2 中定义了逻辑链路控制协议。用户的数据链路服务通过 LLC 子层为网络层提供统一的接口。LLC 子层下面是 MAC 子层。

介质访问控制（Medium Access Control，MAC）子层定义了数据帧怎样在介质上进行传输。在共享同一个带宽的链路中，对连接介质的访问是"先来先服务"。物理寻址、逻辑拓扑（信号通过物理拓扑的路径）也在此层被定义。线路控制、出错通知（不纠正）、帧的传递顺序和可选择的流量控制也在这一子层实现。局域网中目前广泛采用的两种介质访问控制方法分别如下：

① 争用型介质访问控制，又称随机型的介质访问控制协议，如 CSMA/CD 方式；
② 确定型介质访问控制，又称有序的访问控制协议，如 Token（令牌）方式。

2. 网际层

网际层负责相邻计算机之间的通信，其功能包括三方面。

(1) 处理来自传输层的分组发送请求，收到请求后，将分组装入 IP 数据报，填充报头，选择去往信宿机的路径，然后将数据报发往适当的网络接口。

(2) 处理输入数据报：首先检查其合法性，然后进行寻径，假如该数据报已到达信宿机，则去掉报头，将剩下部分交给适当的传输协议；假如该数据报尚未到达信宿，则转发该数据报。

(3) 处理路径、流控、拥塞等问题。

网络层包括：IP（Internet Protocol）、ICMP（Internet Control Message Protocol）、地址转换协议（Address Resolution Protocol，ARP）、反向地址转换协议（Reverse ARP，RARP）。IP 是网络层的核心，通过路由选择将下一条 IP 封装后交给接口层。IP 数据报是无连接服务。ICMP 是网络层的补充，可以回送报文，用来检测网络是否通畅。ping 命令就是发送 ICMP 的 echo

包，通过回送的 echo relay 进行网络测试。

3. 传输层

传输层提供应用程序间的通信，其功能包括格式化信息流和提供可靠传输。为实现后者，传输层协议规定接收端必须发回确认，并且假如分组丢失，必须重新发送，即耳熟能详的"三次握手"过程，从而提供可靠的数据传输。

传输层协议主要有传输控制协议（Transmission Control Protocol，TCP）和用户数据报协议（User Datagram Protocol，UDP）。

4. 应用层

向用户提供一组常用的应用程序，如电子邮件、文件传输访问、远程登录等。远程登录 Telnet 使用 Telnet 协议提供在网络其他主机上注册的接口。Telnet 会话提供了基于字符的虚拟终端。文件传输访问使用 FTP 来提供网络内机器间的文件复制功能。

应用层协议主要有 FTP、Telnet、DNS、SMTP、NFS 及 HTTP 等。

(1) FTP（File Transfer Protocol）是文件传输协议，一般上传下载用 FTP 服务，数据端口是 20H，控制端口是 21。

(2) Telnet 服务是用户远程登录服务，使用端口 23，使用明码传送，保密性差，但简单方便。

(3) DNS（Domain Name Service）是域名解析服务，提供域名到 IP 地址之间的转换，使用端口 53。

(4) SMTP（Simple Mail Transfer Protocol）是简单邮件传输协议，用来控制信件的发送、中转，使用端口 25。

(5) NFS（Network File System）是网络文件系统，用于网络中不同主机间的文件共享。

(6) HTTP（Hypertext Transfer Protocol）是超文本传输协议，用于实现互联网中的 WWW 服务，使用端口 80。

5.1.2 网络编程介绍

5.1.1 节回顾了网络协议，然而仅仅了解网络协议，只能知道网络如何工作，但是要网络功能具体的实现就需要掌握相关的网络编程技术和方法。本章主要介绍在 Windows 环境下的网络编程技术。

Windows 环境中网络编程主要是利用 Windows Socket 函数。Windows Socket（下称 Winsock）是从 UNIX Socket 继承发展而来的。Winsock 规范提过给应用程序开发者一套简单的 API，并让各个网络软件供应商共同遵守。该规范还定义了应用程序开发者能够使用，并且网络软件供应商能够实现的一套库函数调用和相关语义。遵守这套 Winsock 规范的网络软件称为 Winsock 兼容的，而 Winsock 兼容实现的提供者称为 Winsock 提供者。一个网络软件实现 Winsock 规范才能做到与 Winsock 兼容。任何能够与 Winsock 兼容的应用程序都被认为是具有 Winsock 接口。Winsock 规范定义并记录了如何使用 API 与 TCP/IP 连接，应用程序调用 Winsock 的 API 实现相互之间的通信，Winsock 又利用下层的网络通信协议功能和操作系统调用实现通信工作。

Winsock 1.1 于 1993 年成为业界的标准，为通用的 TCP/IP 应用程序提供灵活使用的应用程序接口。但该版本仅能应用于 TCP/IP，缺乏对其他协议的支持。随着技术的发展，Winsock 2.0 成为业界新的标准。该版本支持一些其他协议，如 ATM、IPX/SPX 和 DECnet 等，还解决了 1.1 版本中存在的二义性问题，添加了一些重要的函数，从而改善了网络应用程序的性能，并提高了执行效率。

为了对 Winsock 有更好的认识，下面对 Winsock 的几个基本概念进行介绍。

1. 端口

IP 是互联网上每台设备的地址，具有唯一性。数据包通过 IP 来识别不同设备的位置，因此每台互联网上的设备都需要配置 IP。当数据包按照 IP 到达目的设备的时候，面对各种各样的网络服务和应用，如 FTP 服务或 WWW 应用，如何将数据包交给相应的网络应用呢？

为此，TCP/IP 提出了协议端口(Protocol Port，简称端口)的概念，用于标识通信的应用进程。端口是一种抽象的软件结构，包括一些数据结构和 I/O 缓冲区。我们可以将网络设备想象成一套房子，IP 为这套房子的具体通信地址，那么端口就是这套房子中不同房间的门，要通过不同的门进入不同的房间。房间门的大小即为缓冲区大小。例如，如果你是姚明(数据量比较大)，那么门就要设计得比较高大；如果你是"晏子使楚"中的晏婴(数据量较小)，那么门可以设计得小些。

应用进程通过系统调用与某端口建立连接后，传输层传给该端口的数据都被相应进程所接收，且相应进程发给传输层的数据通过该端口输出。在 TCP/IP 的实现中，端口操作类似于一般的 I/O 操作，进程获取一个端口，相当于获取本地唯一的 I/O 文件，可以用一般的读写原语访问。类似于文件描述符，每个端口都拥有一个称为端口号(Port Number)的整数型标识符，用于区别不同端口。端口号的分配是一个重要问题，有两种基本分配方式。

第一种叫全局分配，这是一种集中控制方式，由一个公认的中央机构根据用户需要进行统一分配，并将结果公布于众。

第二种是本地分配，又称动态连接，即进程需要访问传输层服务时，向本地操作系统提出申请，操作系统返回一个本地唯一的端口号，进程再通过合适的系统调用将自己与该端口号联系起来(称为绑定)。

TCP/IP 端口号的分配综合了上述两种方式。TCP/IP 将端口号分为两部分，少量的作为保留端口，以全局方式分配给服务进程。因此，每一个标准服务器进程都拥有一个全局公认的端口号(Well-Known Port，称为周知端口)，即使在不同机器上，其端口号也相同。剩余的为自由端口，采用本地分配的方式。根据协议规定，小于 1024 的端口号才能作为保留端口，如 HTTP 用的是 80 端口。

2. 套接字

在操作系统中，应用程序一般不能直接访问操作系统内核或硬件资源，因为可能会对操作系统或硬件设备造成破坏，同时存在极大的安全隐患。举例来说，一个朋友向你借钱，如果他直接从你的钱包中把钱取走，对于你来说是非常不安全的。因此，网络应用程序需要通过网络编程接口来实现网络通信，而不是对硬件直接进行操作，如网卡。目前，大多数的网络操作系统采用套接字(Socket)接口作为网络编程接口。在 Windows 环境中，一般使用

Winsock 编程接口。

套接字通过套接字模块实现。套接字模块负责套接字的管理与维护，包括套接字的创建、通信连接的建立及关闭等。通过使用套接字，应用程序不需要知道数据具体是如何从网络发送方传输到网络接收方的，只需要知道如何把参数传递给套接字模块即可，即套接字屏蔽了系统如何使用网络协议进行通信的复杂过程。可以这样理解套接字与 TCP/IP 的关系，见图 5-1。

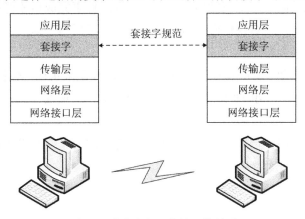

图 5-1 套接字与网络协议的关系

注意：图 5-1 中只是表明套接字工作的位置，其并不是一种协议。

在通信过程中，一个套接字是通信的一个端点，通常由一个与进程相关联的端口号以及主机的 IP 地址来标识。一个正在被使用的套接字有自己的类型和与其相关的进程，相互交互的两个进程通过各自的套接字进行通信。TCP/IP 的套接字编程定义了三种类型。

(1) 流式套接字(Stream Socket)：提供面向连接的、可靠的字节流服务，主要用于基于 TCP 的应用。

(2) 数据报套接字(Datagram Scoket)：提供无连接的、不可靠的数据报服务，主要用于基于 UDP 的应用。

(3) 原始套接字(Raw Socket)：允许对较低层的协议，如对 IP、ICMP 直接访问。

3. 字节顺序

不同的计算机使用不同的字节顺序存储数据。Intel 处理器使用的字节顺序称为"Little-Endian"，即高字节在前，低字节在后；而 Internet 网络的字节顺序称为"Big-Endian"，它和 Little-Endian 的字节顺序是相反的。因此用户在使用时要特别注意字节的正确顺序。

任何 Winsock 函数对 IP 地址和端口号的使用均是按照网络字节顺序组织的。在很多情况下，用户要在本地主机字节顺序和网络字节顺序之间进行转换，此时应该使用 Winsock API 中标准的转换函数，而不要自己编写转换代码。因为将来的 Winsock 实现有可能在本地主机字节顺序和网络字节顺序相同的机器上运行，因此只有使用标准的转换函数应用程序才可以移植。为了统一，通常无论本地主机字节顺序与网络字节顺序是否一致，在进行网络传输时都将本地主机字节顺序转换成网络字节顺序，在接收时再将网络字节顺序转换成本地主机字节顺序。

4. 阻塞和非阻塞模式

套接字有阻塞(同步)模式和非阻塞(异步)模式两种使用方法。在阻塞模式下，I/O 操作完成前，执行操作的 Winsock 函数会一直等待下去，不会立即返回，这就意味着任一个线程在某一时刻只能执行一个 I/O 操作，而且应用程序很难同时通过多个建好连接的套接字进行通信。举例而言，就是同一时刻只能做一件事情，等这件事完成后才能做下一件；而非阻塞模式下没有这样的要求，函数仅仅做一些简单的工作，然后马上返回，具体的功能实现交给其他线程完成。

非阻塞模式比较复杂，Winsock 分别提供 5 种 I/O 模型来实现，包括选择(Select)、异步选择(WSAAsyncSelect)、事件选择(WSAEventSelect)、重叠(Overlapped)和完成端口(Completion Port)。

阻塞模式简单、易用，但效率低，因为要等待完成的消息；非阻塞模式使用复杂，但效率很高。在默认情况下，套接字使用阻塞模式。

5. 错误检查与控制

要成功编写 Winsock 应用程序，错误检查和控制是至关重要的。因为对于 Winsock 函数而言，返回错误值是非常常见的。但是多数情况下，这些错误是无关紧要的，通信仍可在套接字上进行。返回的错误值可以有多种，但最常见的错误是 SOCK_ERROR。SOCK_ERROR 的值是-1，但这个值仅仅是函数的返回值，由此还是不能看出错误的具体类型。要想获得具体的错误代码，还必须在调用 Winsock 函数之后，用 WSAGetLastError 函数来获得错误代码，这个错误代码能明确地表明产生错误的原因。

随着 Windows .NET Framework 开发环境的流行，本书在后面的任务中将使用 C#实现网络程序。

5.2 任务一：基本网络程序设计

5.2.1 学习目标

通过该任务的实现，熟悉.NET 环境下使用 C#编写获取网络信息的程序。

5.2.2 任务描述

本任务分为两部分：第一部分实现获取网络信息，包括本机计算机名称、IP 地址信息、网卡信息和远程服务器 IP 地址信息等。具体实现效果见图 5-2；第二部分实现网络连通性测试命令 ping 的功能，具体实现效果见图 5-3。

图 5-2 中，本机名称随着窗口的出现而出现；单击"本机详细信息"按钮后，在下面的列表框中显示本机的 IP 地址信息和网卡信息；在"远程服务器"输入框中输入某个网址后，单击"查询服务器信息"按钮，在下面的显示框中显示该网址对应的 IP 地址。

图 5-2 基本网络程序 1

图 5-3 基本网络程序 2

图 5-3 中，在"目标主机 IP"输入框中输入目标主机的 IP 地址或是域名后，单击"ping"按钮，在其下的显示框中显示测试连通的信息，包括主机 IP 地址、往返时间和生存时间(TTL)等信息。在显示框中显示本机网卡接收到的数据包数目和已发送成功的数据包数目。

任务实现环境：Windows 操作系统，Visual C# 2010 Express。

5.2.3 任务分析

基本网络程序 1 中本机网络信息的获取需要用到 System.Net 命名空间，而网卡信息的获取要使用 System.Net 下的 NetworkInformation 子空间。

5.2.4 相关知识

获取本机网络配置信息需要利用 System.Net 命名空间，该空间为 Internet 上使用的多种协议提供了编程接口。下面介绍几个比较重要的类。

IPAddress 类：提供对 IP 地址的转换、处理等功能。

IPEndPoint 类：包含应用程序连接到主机上的服务所需的主机和端口信息，由主机 IP 地址和端口号组成。

IPHostEnrty 类：负责将一个域名系统中的域名、主机名与别名和一组匹配的 IP 地址关联，一般与 Dns 类一起使用。

Dns 类：是一个静态类，提供域名解析功能，使用形式是"类名.方法名"。

NetworkInterface 类：该类位于 System.Net.NetworkInformation 命名空间下，提供网络适配器（网卡）的配置和统计信息。使用该类可以方便地检测本机有多少网卡、哪些网络连接可用、某个网卡的型号、MAC 地址和速度等。

IPInterfaceProperties 类：提供检测 IPv4 和 IPv6 的网络适配器地址信息，利用该类可检测本机所有网络适配器支持的各种地址。

IPGlobalProperties 类：提供本机接收和发送数据包信息的网络流量统计功能，如接收到的数据包个数、丢弃的数据包个数等。

Ping 类：提供类似于 Windows 系统中的 ping.exe 命令行工具的功能。

PingOptions 类：提供数据包的生存时间和 DontFragment 属性以控制 ping 数据包的传输。

PingReply 类：提供数据包发送操作的状态以及发送请求和接收答复所有的时间等信息。

5.2.5 任务实现步骤

(1)创建基本网络程序的工程，名称自拟。

(2)添加命名空间。

```
using System.Net;
using System.Net.NetworkInformation;
```

(3)获取本机主机名。

```
this.tb_hostName.Text= Dns.GetHostName();
```

(4)获取本机网络基本信息。

```
this.lb_localInfo.Items.Clear();
string hostname = Dns.GetHostName();
IPHostEntry localEntry = Dns.GetHostEntry(hostname);
//获取本机所有网络适配器
NetworkInterface[] adapters = NetworkInterface.GetAllNetworkInterfaces();
lb_localInfo.Items.Add("本机网络基本信息：");
lb_localInfo.Items.Add("");
int index=0;
//显示本机所有IP地址
foreach (IPAddress ip in localEntry.AddressList)
{
    lb_localInfo.Items.Add("===第"+index+"个ip地址："+ip+"=========");
    lb_localInfo.Items.Add("ip地址族："+ip.AddressFamily);
    lb_localInfo.Items.Add("可分配端口最大值：" + IPEndPoint.MaxPort);
    lb_localInfo.Items.Add("可分配端口最小值：" + IPEndPoint.MinPort);
    lb_localInfo.Items.Add("=====================================");
    index++;
}
index=0;
//显示本机所有网卡信息
```

```csharp
foreach (NetworkInterface adapter in adapters)
{
    lb_localInfo.Items.Add("===第" + index + "个网卡信息: " + "=====");
    lb_localInfo.Items.Add("描述信息: {0}" + adapters[index].Description);
    lb_localInfo.Items.Add("名称: {0}" + adapters[index].Name);
    lb_localInfo.Items.Add(类型: {0}"+adapters[index].NetworkInterfaceType);
    lb_localInfo.Items.Add("MAC 地址: {0}"+adapters[index].GetPhysicalAddress());
    lb_localInfo.Items.Add("==================================");
    index++;
}
```

(5) 实现 ping 功能测试网络连通, 并返回相应信息及显示网络流量信息。

```csharp
//显示网络流量
private void showInfo()
{
    IPGlobalProperties properites=IPGlobalProperties.GetIPGlobalProperties();
    IPGlobalStatistics ipstat = properites.GetIPv4GlobalStatistics();
    //收到的 IP 数据包
    lb_recv.Text = ipstat.ReceivedPackets.ToString();
    //ReceivedPacketsDelivered 指已经发送到目标的 IP 数据包数
    lb_send.Text = ipstat.ReceivedPacketsDelivered.ToString();
}
//窗体加载
private void Form1_Load(object sender, EventArgs e)
{
    showInfo();
    tb_targetIP.Text = "127.0.0.1";
}
//单击按钮功能
private void button1_Click(object sender, EventArgs e)
{
    this.lb_pingInfo.Items.Clear();
    //远程服务器 IP
    string ipString = this.tb_targetIP.Text.ToString().Trim();
    //构造 Ping 实例
    Ping pingSender = new Ping();
    //Ping 选项设置
    PingOptions options = new PingOptions();
    options.DontFragment = true;
    //测试数据
    string data = "this is test data";
    byte[] buffer = Encoding.ASCII.GetBytes(data);
    //设置超时时间
    int timeout = 120;
    //调用同步 send 方法发送数据,将返回结果保存到 PingReply 实例
    PingReply reply = pingSender.Send(ipString, timeout, buffer, options);
    if (reply.Status == IPStatus.Success)
    {
        this.lb_pingInfo.Items.Add("答复的主机地址: " + reply.Address.ToString());
        this.lb_pingInfo.Items.Add("往返时间: " + reply.RoundtripTime);
        this.lb_pingInfo.Items.Add("生存时间: " + reply.Options.Ttl);
        this.lb_pingInfo.Items.Add("数据包是否分段: "+reply.Options.DontFragment);
        this.lb_pingInfo.Items.Add("缓冲区大小: " + reply.Buffer.Length);
```

```
        }
        else
        {
            this.lb_pingInfo.Items.Add(reply.Status.ToString());
        }
        showInfo();
    }
```

5.3 任务二：基于 TCP 的聊天程序设计

5.3.1 学习目标

通过编程实现 TCP 的通信，包括服务器端和客户端。由此使学生能更直观地理解和掌握 TCP 原理及工作过程。同时对面向连接的客户机/服务器（Client/Server，C/S）模型有深刻的认识。

5.3.2 任务描述

设计并实现基于 TCP 的 C/S 模型软件的服务器和客户机程序，这里采用的是阻塞（同步）的机制，聊天服务器界面、客户端界面如图 5-4、图 5-5 所示。

图 5-4 聊天服务器界面

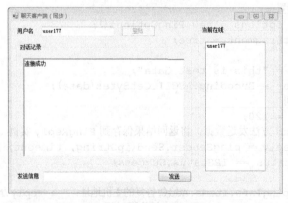

图 5-5 聊天客户端界面

任务实现环境：Windows 操作系统，Visual C# 2010 Express。

5.3.3 任务分析

为了实现基于客户机和服务器之间面向连接的数据通信方式，编程实现创建流套接字（Stream Socket），并利用此套接字实现客户机与服务器之间的通信。

要建立一个面向连接的套接字（使用 TCP），其步骤如图 5-6 所示。

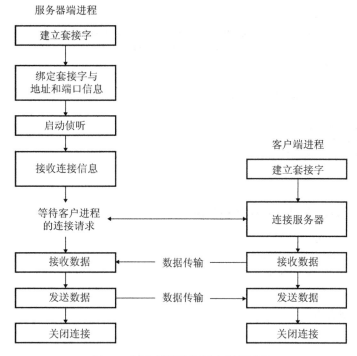

图 5-6 面向连接的套接字创建过程

5.3.4 相关知识

套接字主要通过通信的 IP 地址、传输层协议（TCP 或 UDP）以及端口号三个参数实现。在 C#中，Socket 类为网络通信程序提供了丰富的属性和方法，如 TCPClient、TCPListener 和 UDPClient 类。这些类建立在 System.Net.Sockets.Socket 类的基础上，负责数据传输的细节，Socket 类的常用属性如下。

(1) Blocking 属性：表示套接字是否处于阻塞状态。
(2) Connected 属性：表示操作的连接状态。
(3) LocalEndPoint 属性：表示本机的套接字，即 IP 地址与端口号。
(4) RemoteEndPoint 属性：表示远程主机的套接字，即远程主机的 IP 地址与端口号。

5.3.5 任务实现步骤

1. 服务器实现

(1) 创建用户类。

```
using System.IO;
using System.Net.Sockets;
```

```csharp
class User
{
    public TcpClient client{ get; private set; }
    public BinaryReader br{ get; private set; }
    public BinaryWriter bw{ get; private set; }
    public string userName{ get; set; }
    public User(TcpClient client)
    {
        this.client = client;
        NetworkStream networkStream = client.GetStream();
        br = new BinaryReader(networkStream);
        bw = new BinaryWriter(networkStream);
    }
    public void Close()
    {
        br.Close();
        bw.Close();
        client.Close();
    }
}
```

(2) 创建 chatServer 项目,并添加相关命名空间。

```csharp
using System.Net;
using System.Net.Sockets;
using System.Threading;
using System.IO;
```

(3) 服务器实现关键代码。

```csharp
//保存连接的所有用户
private List<User> userList = new List<User>();
//使用的本机 IP 地址
IPAddress localAddress;
//监听端口
private const int port = 60001;
private TcpListener myListener;
//是否正常退出所有接收线程
bool isNormalExit = false;
public Form1()
{
    InitializeComponent();
    lb_status.HorizontalScrollbar = true;
    //IPAddress[] addrIP = Dns.GetHostAddresses(Dns.GetHostName());
    //localAddress = addrIP[3];
    //MessageBox.Show(Dns.GetHostName());
    //使用同一计算机登录(本机登录)
    //否则使用实际服务器域名或 IP 地址
    localAddress = IPAddress.Parse("127.0.0.1");

    bt_stop.Enabled = false;
}
//接收客户端连接
private void ListenClientConnect()
```

```csharp
{
    TcpClient newClient = null;
    while (true)
    {
        try
        {
            newClient = myListener.AcceptTcpClient();
        }
        catch
        {
            //当单击"停止监听"或者退出此窗体时AcceptTcpClient会产生异常，因此此处
              退出循环
            break;
        }
        //每接受一个客户端连接，就创建一个对应的线程
        //循环接收该客户端发来的信息
        User user = new User(newClient);
        Thread threadReceive = new Thread(ReceiveData);
        threadReceive.Start(user);
        userList.Add(user);
        AddItemToListBox(string.Format("用户 {0} 已登录",newClient.Client.
                    RemoteEndPoint));
        AddItemToListBox(string.Format("当前连接用户数：{0}", userList.Count));
    }
}
//开始监听
private void bt_start_Click(object sender, EventArgs e)
{
    myListener = new TcpListener(localAddress, port);
    myListener.Start();
    AddItemToListBox(string.Format("开始在 {0}:{1} 监听客户连接",localAddress,
                    port));
    //创建一个线程监听客户端连接请求
    Thread myThread = new Thread(ListenClientConnect);
    myThread.Start();
    bt_start.Enabled = false;
    bt_stop.Enabled = true;
}
//处理接收的客户端数据
private void ReceiveData(object userState)
{
    User user = (User)userState;
    TcpClient client = user.client;
    while (isNormalExit == false)
    {
        string receiveString = null;
        try
        {
            //从网络流中读出字符串，此方法会自动判断字符串长度前缀
            receiveString = user.br.ReadString();
        }
        catch
```

```csharp
            {
                if (isNormalExit == false)
                {
                    AddItemToListBox(string.Format("用户 {0} 已退出", client.Client.
                    RemoteEndPoint));
                    RemoveUser(user);
                }
                break;
            }
            AddItemToListBox(string.Format("来自用户{0}:{1}",user.client.Client.
            RemoteEndPoint,receiveString));
            string[] splitString = receiveString.Split(',');
            string command = splitString[0].ToLower();
            switch (command)
            {
                case "login":
                    user.userName = splitString[1];
                    SendToAllClient(user,receiveString);
                    break;
                case "logout":
                    SendToAllClient(user,receiveString);
                    RemoveUser(user);
                    break;
                case "talk":
                    stringtalkString=receiveString.Substring(splitString[0].Length+splitString[1].Length+2);
                    AddItemToListBox(string.Format("{0}对{1}说: {2}",user.userName,
                    splitString[1],talkString));
                    SendToClient(user,"talk,"+user.userName+","+talkString);
                    foreach (User target in userList)
                    {
                       if(target.userName == splitString[1] && user.userName !=
                       splitString[1])
                        {
                            SendToClient(target,"talk,"+user.userName+","+talkString);
                             break;
                        }
                    }
                    break;
                default:
                    AddItemToListBox("无法解析: "+receiveString);
                    break;
            }
        }
    }
    //发送message给user
    private void SendToClient(User user, string message)
    {
        try
        {
            //将字符串写入网络流,此方法会自动附加字符串长度前缀
```

```csharp
        user.bw.Write(message);
        user.bw.Flush();
        AddItemToListBox(string.Format("向{0}发送：{1}", user.userName,
        message));
    }
    catch
    {
        AddItemToListBox(string.Format("向{0}发送信息失败",user.userName));
    }
}
//发送信息给所有客户
private void SendToAllClient(User user, string message)
{
    string command = message.Split(',')[0].ToLower();
    if(command == "login")
    {
        for(int i = 0; i < userList.Count; i++)
        {
            SendToClient(userList[i],message);
            if(userList[i].userName!=user.userName)
                SendToClient(user, "login," + userList[i].userName);
        }
    }
    else if(command == "logout")
    {
        for(int i = 0; i < userList.Count; i++)
        {
            if(userList[i].userName != user.userName)
                SendToClient(userList[i],message);
        }
    }
}


//移除用户
private void RemoveUser(User user)
{
    userList.Remove(user);
    user.Close();
    AddItemToListBox(string.Format("当前连接用户数：{0}",userList.Count));
}
private delegate void AddItemToListBoxDelegate(string str);
//在 ListBox 中追加状态信息
private void AddItemToListBox(string str)
{
    if(lb_status.InvokeRequired)
    {
        AddItemToListBoxDelegate d = AddItemToListBox;
        lb_status.Invoke(d, str);
    }
    else
    {
        lb_status.Items.Add(str);
```

```
            lb_status.SelectedIndex = lb_status.Items.Count - 1;
            lb_status.ClearSelected();
        }
    }

    private void bt_stop_Click(object sender, EventArgs e)
    {
        AddItemToListBox("停止服务,并依次使用户退出");
        isNormalExit = true;
        for(int i = userList.Count - 1; i >= 0; i--)
            RemoveUser(userList[i]);
        //通过停止监听让myListener.AcceptTcpClient产生异常退出监听线程
        myListener.Stop();
        bt_start.Enabled = true;
        bt_stop.Enabled = false;
    }
    private void Form1_FormClosing(object sender, FormClosingEventArgs e)
    {
        if(myListener != null)
        {
            //引发bt_stop操作
            bt_stop.PerformClick();
        }
    }
```

2. 客户端实现

(1) 创建 chatClient 项目,并添加相关命名空间。

```
using System.Net;
using System.Net.Sockets;
using System.Threading;
using System.IO;
```

(2) 客户端实现关键代码。

```
private bool isExit = false;
private TcpClient client;
private BinaryReader br;
private BinaryWriter bw;

public Form1()
{
    InitializeComponent();
    Random r = new Random((int)DateTime.Now.Ticks);
    tb_userName.Text = "user" + r.Next(100, 999);
    lb_onlineStatus.HorizontalScrollbar = true;
}
//连接服务器
private void btn_login_Click(object sender, EventArgs e)
{
    btn_login.Enabled = false;
```

```csharp
    try
    {
        //使用同一计算机登录(本机登录)
        //否则使用实际服务器域名或IP地址
        client = new TcpClient("127.0.0.1", 60001);
        AddTalkMessage("连接成功");
    }
    catch
    {
        AddTalkMessage("连接失败");
        btn_login.Enabled = true;
        return;
    }
    //获取网络流
    NetworkStream networkStream = client.GetStream();
    //将网络流作为二进制读写对象
    br = new BinaryReader(networkStream);
    bw = new BinaryWriter(networkStream);
    SendMessage("Login,"+tb_userName.Text);
    Thread threadReceive = new Thread(new ThreadStart(ReceiveData));
    threadReceive.IsBackground = true;
    threadReceive.Start();
}
//处理接收的服务器端数据
private void ReceiveData()
{
    string receiveString = null;
    while(isExit == false)
    {
        try
        {
            //从网络流中读出字符串，自动判断字符串前缀，并根据长度前缀读出字符串
            receiveString = br.ReadString();
        }
        catch
        {
            if(isExit == false)
                MessageBox.Show("与服务器失去联系");
            break;
        }
        string[] splitString = receiveString.Split(',');
        string command = splitString[0].ToLower();
        switch(command)
        {
            case "login":
                AddOnline(splitString[1]);
                break;
            case "logout":
                RemoveUserName(splitString[1]);
                break;
            case "talk":
                AddTalkMessage("["+splitString[1]+"]:"+receiveString.Substring(s
```

```csharp
                plitString[0].Length+splitString[1].Length+2));
                break;
            default:
                AddTalkMessage("无法解析: "+receiveString);
                break;
        }
    }
    Application.Exit();
}
//向服务器端发送信息
private void SendMessage(string message)
{
    try
    {
        //将字符串写入网络流，此方法会自动附加字符串长度前缀
        bw.Write(message);
        bw.Flush();
    }
    catch
    {
        AddTalkMessage("发送失败！");
    }
}
//发送button
private void btn_send_Click(object sender, EventArgs e)
{
    if(lb_onlineStatus.SelectedIndex != -1)
    {
        SendMessage("talk,"+lb_onlineStatus.SelectedItem+","+tb_sendMessage
        .Text+"\r\n");
        tb_sendMessage.Clear();
    }
    else
    {
        MessageBox.Show("请先选择一个对话者");
    }
}
//窗体关闭
private void Form1_FormClosing(object sender, FormClosingEventArgs e)
{
    //未与服务器连接前client为null
    if(client != null)
    {
        SendMessage("Logout,"+tb_userName.Text);
        isExit = true;
        br.Close();
        bw.Close();
        client.Close();
    }
}
private delegate void MessageDelegate(string message);
//追加聊天信息
private void AddTalkMessage(string message)
```

```
{
    if(rtb_talkInfo.InvokeRequired)
    {
        MessageDelegate d = new MessageDelegate(AddTalkMessage);
        rtb_talkInfo.Invoke(d, new object[] { message });
    }
    else
    {
        rtb_talkInfo.AppendText(message+Environment.NewLine);
        rtb_talkInfo.ScrollToCaret();
    }
}
private delegate void AddOnlineDelegate(string message);
//添加在线的其他客户端信息
private void AddOnline(string userName)
{
    if(lb_onlineStatus.InvokeRequired)
    {
        AddOnlineDelegate d = new AddOnlineDelegate(AddOnline);
        lb_onlineStatus.Invoke(d,new object[]{userName});

    }
    else
    {
        lb_onlineStatus.Items.Add(userName);
        lb_onlineStatus.SelectedIndex=lb_onlineStatus.Items.Count-1;
        lb_onlineStatus.ClearSelected();
    }
}
private delegate void RemoveUserNameDelegate(string userName);
//移除不在线的其他客户端信息
private void RemoveUserName(string userName)
{
    if(lb_onlineStatus.InvokeRequired)
    {
        RemoveUserNameDelegate d = RemoveUserName;
        lb_onlineStatus.Invoke(d, userName);
    }
    else
    {
        lb_onlineStatus.Items.Remove(userName);
        lb_onlineStatus.SelectedIndex = lb_onlineStatus.Items.Count - 1;
        lb_onlineStatus.ClearSelected();
    }
}
```

5.4 任务三：基于 UDP 的聊天程序设计

5.4.1 学习目标

通过编程实现 UDP 的通信，使学生能更直观地理解和掌握 UDP 的工作原理。同时局域网中点对点聊天程序的案例能够能使学生更加熟练地掌握 Socket 编程。

5.4.2 任务描述

利用 Socket 函数编写一个局域网内的点对点聊天程序。任务实现后的界面见图 5-7 和图 5-8。图 5-7 是 IP 地址为 192.168.112.134 的主机进行聊天的界面,而图 5-8 为 IP 地址为 192.168.112.130 的主机进行聊天的界面。

图 5-7 UDP 聊天程序 1　　　　　　　　图 5-8 UDP 聊天程序 2

任务实现环境:Windows 操作系统,Visual C# 2010 Express。

5.4.3 任务分析

为了实现客户机和服务器之间面向无连接的数据通信方式,本程序需要创建数据报套接字,并利用该套接字实现客户机与服务器之间的通信。同时,接收数据和发送数据需要创建线程进行操作。

5.4.4 相关知识

无连接 C/S 模型与面向连接的 C/S 模型是不同的,主要差异表现在以下几方面。

(1)通信的一方可以不用 bind 函数绑定 IP 地址和端口,而由系统自动分配,但充当服务器的一方需要先绑定 IP 地址和端口。

(2)不绑定 IP 地址和端口的一方必须首先向绑定 IP 地址和端口的一方发送数据,以作为客户机进程。

(3)无连接应用进程也可以调用 connect 函数,但是它不是用来向通信对方发送建立连接的请求,而只是告诉系统并由系统保存,以便在数据传输过程中可以使用 send 和 recv 函数。

(4)在无连接的数据报传输过程中,虽然没有显式地指定服务器方和客户机方,但作为服务器的应用进程必须先启动,否则客户机进程的请求将无法被收到。

(5)在无连接的数据传输过程中,客户机和服务器进程无须事先建立连接,这样当发送数据时,发送方除了指定本地套接字的地址外,还需要指定接收方的套接字地址,即在数据收发过程中动态建立通信双方的通信连接。

5.4.5 任务实现步骤

(1) 创建 udpChat 项目，并添加相关命名空间。

```
using System.Net.Sockets;
using System.Net;
using System.Threading;
```

(2) 任务实现关键代码。

```csharp
namespace udpChat
{
    public partial class Form1 : Form
    {
        //接收
        private UdpClient receiveUdpClient;
        //发送
        private UdpClient sendUdpClient;
        //端口号
        private const int port = 60002;
        //本地 IP
        IPAddress localip;
        //目标主机 IP
        IPAddress remoteip;
        public Form1()
        {
            InitializeComponent();
            //获取本机 IP 地址
            IPAddress[] ip = Dns.GetHostAddresses(Dns.GetHostName());
            comboBox1.Items.Clear();
            foreach (IPAddress ips in ip)
            {
                comboBox1.Items.Add(ips.ToString());
            }
            //初始化 localip
            localip = IPAddress.Parse("127.0.0.1");
        }
        //发送信息功能，即创建发送线程
        private void button1_Click(object sender, EventArgs e)
        {
            remoteip = IPAddress.Parse(tb_remoteIP.Text);
            Thread t = new Thread(SendMessage);
            t.IsBackground = true;
            t.Start(tb_sendMessage.Text);
        }
        private void ReceiveData()
        {
            IPEndPoint local = new IPEndPoint(localip, port);
            receiveUdpClient =new UdpClient(local);
            IPEndPoint remote = new IPEndPoint(IPAddress.Any, 0);
            while (true)
            {
                try
                {
```

```csharp
            //关闭udpClient时会产生异常
            byte[] receiveBytes = receiveUdpClient.Receive(ref remote);
            string receiveMessage=Encoding.Unicode.GetString(receiveB
            ytes,0,receiveBytes.Length);
            AddItem(lb_receive, string.Format("来自{0}:{1}", remote,
            receiveMessage));
        }
        catch
        {
            break;
        }
    }
}
private void SendMessage(object obj)
{
    string message = (string)obj;
    sendUdpClient = new UdpClient(0);
    byte[] bytes = System.Text.Encoding.Unicode.GetBytes(message);
    IPEndPoint iep = new IPEndPoint(remoteip, port);
    try
    {
        sendUdpClient.Send(bytes,bytes.Length,iep);
        AddItem(lb_status,string.Format("向{0}发送:{1}",iep,message));
        ClearTextBox();

    }
    catch (Exception ex)
    {
        AddItem(lb_status,"发送错误: "+ex.Message);
    }
}
delegate void AddListBoxItemDelegate(ListBox listbox,string text);
private void AddItem(ListBox listbox, string text)
{
    if(listbox.InvokeRequired)
    {
        AddListBoxItemDelegate d = AddItem;
        listbox.Invoke(d, new object[] { listbox, text });
    }
    else
    {
        listbox.Items.Add(text);
        listbox.SelectedIndex = listbox.Items.Count - 1;
        listbox.ClearSelected();
    }
}
delegate void ClearTextBoxDelegate();
private void ClearTextBox()
{
    if(tb_sendMessage.InvokeRequired)
    {
        ClearTextBoxDelegate d = ClearTextBox;
        tb_sendMessage.Invoke(d);
    }
```

```
            else
            {
                tb_sendMessage.Clear();
                tb_sendMessage.Focus();
            }
        }
        //当本地 IP 地址选择后 localip 需要重新赋值
        private void comboBox1_SelectedIndexChanged(object sender, EventArgs e)
        {
            localip = IPAddress.Parse(comboBox1.Text);
        }
        //接收功能，即创建接收线程
        private void button2_Click(object sender, EventArgs e)
        {
            //创建一个线程接收远程主机发来的信息
            Thread myThread = new Thread(ReceiveData);
            //将线程设为后台运行
            myThread.IsBackground = true;
            myThread.Start();
            tb_sendMessage.Focus();
        }
    }
}
```

5.5　任务四：FTP 服务器程序设计

5.5.1　学习目标

理解 FTP 的工作原理；熟悉各种 FTP 命令代码及其含义；熟练使用多线程编程、重叠 I/O 模型等技术。

5.5.2　任务描述

利用 FTP 设计并实现一个简单的 FTP 服务器端程序，能实现一些基本的 FTP 服务器的功能，诸如用户验证、切换目录、文件传输、自定义用户数据端口、打印指定路径下的文件列表等，FTP 服务器界面、FTP 客户端界面如图 5-9、图 5-10 所示。

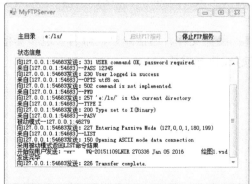

图 5-9　FTP 服务器界面

图 5-10　FTP 客户端界面

任务实现环境：Windows 操作系统，Visual C# 2010 Express。

5.5.3 任务分析

虽然是简单的 FTP 服务器端程序，但其功能的实现是比较复杂的。为了能顺利完成任务，要分为 5 个模块进行编程。

（1）预定义 FTP 参数：根据 FTP 设置 FTP 参数。

（2）主控函数(主函数)的设计：由于是服务器端，需要设计线程来负责等待接受请求。

（3）设计 ProcessTreadIO() 函数：该函数负责生成与用户进行交互的线程，通过 WSAWaitForMultipleEvents() 函数来检索哪个用户在与本服务器进行通信，对通信命令和数据进行分析并调用相应函数进行处理。

（4）设计 LogIn() 函数：该函数负责检查用户名与密码。

（5）DealCommand() 函数：该函数负责甄别服务器收到的各种 FTP 命令并进行相应处理，在本程序中主要响应的命令为 PORT、PASV、NLST、LIST、RETR、STOR、QUIT、PWD、XPWD、CWD 等。

5.5.4 相关知识

文件传输协议(File Transfer Protocol，FTP)是 TCP/IP 网络上两台计算机传送文件的协议，FTP 是在 TCP/IP 网络和 Internet 上最早使用的协议之一。尽管 WWW 已经替代了 FTP 的大多数功能，FTP 仍然是通过 Internet 把文件从客户机复制到服务器上的一种途径。FTP 客户机可以向服务器发出命令来下载文件、上传文件、创建或改变服务器上的目录。

FTP 有两种使用模式：主动和被动。主动模式要求客户端和服务器端同时打开并且监听一个端口以建立连接。在这种情况下，客户端由于安装了防火墙会产生一些问题，所以创立了被动模式。被动模式只要求服务器端产生一个监听相应端口的进程，这样就可以绕过客户端安装的防火墙。

重叠 I/O 指的是能够同时以多个线程处理多个 I/O。这是因为当调用 ReadFile() 和 WriteFile() 时，如果最后一个参数 lpOverlapped 设置为 NULL，那么线程就阻塞在这里，直到读写完指定的数据后，它们才返回。这样在读写大文件的时候，很多时间都浪费在等待 ReadFile() 和 WriteFile() 的返回上面。如果 ReadFile() 和 WriteFile() 是往管道里读写数据，那么有可能阻塞更久，导致程序性能下降。为了解决这个问题，Windows 引进了重叠 I/O 的概念，它是 Windows 下实现异步 I/O 最常用的方式。

Windows 为几乎全部类型的文件提供这个工具：磁盘文件、通信端口、命名管道和套接字。通常，使用 ReadFile() 和 WriteFile() 就可以很好地执行重叠 I/O。

5.5.5 任务实现步骤

1. FTP 服务器

（1）创建 ftpServer 项目，并添加命名空间。

```
using System.Net;
using System.Net.Sockets;
```

```csharp
using System.Threading;
using System.IO;
using System.Globalization;
```

(2) 任务实现关键代码。

```csharp
public partial class MainForm : Form
{
    TcpListener myTcpListener;
    //保存用户名和密码
    Dictionary<string, string> users;
    public MainForm()
    {
        InitializeComponent();
        //此处假设用户名为MytestName，密码为12345
        users = new Dictionary<string, string>();
        users.Add("mytestName", "12345");
        //设置默认主目录
        textBox1.Text = "e:/ls/";
    }
    ///启动FTP服务
    private void buttonStart_Click(object sender, EventArgs e)
    {
        this.listBoxStatus.Items.Add("FTP服务已启动");
        Thread t = new Thread(ListenClientConnect);
        t.IsBackground = true;
        t.Start();
        buttonStart.Enabled = false;
        buttonStop.Enabled = true;
    }
    ///监听端口，处理客户端连接
    private void ListenClientConnect()
    {
        myTcpListener = new TcpListener(IPAddress.Any, 21);
        myTcpListener.Start();
        while (true)
        {
            try
            {
                TcpClient client = myTcpListener.AcceptTcpClient();
                AddInfo(string.Format("{0}和本机({1})建立FTP连接", client.Client.
                  RemoteEndPoint, myTcpListener.LocalEndpoint));
                User user = new User();
                user.commandSession = new UserSession(client);
                user.workDir = textBox1.Text;
                Thread t = new Thread(UserProcessing);
                t.IsBackground = true;
                t.Start(user);
            }
            catch
            {
```

```
        break;
    }
}
//处理用户命令，但不进行用户名验证
private void CommandUser(User user, string command, string param)
{
    string sendString = string.Empty;
    if(command == "USER")
    {
        sendString = "331 USER command OK, password required.";
        user.userName = param;
        user.LoginOK = 1;    //1表示已接收到用户名，等待接收密码
    }
    else
    {
        sendString = "501 USER command syntax error.";
    }
    ReplyCommandToUser(user, sendString);
}
//处理密码命令，验证用户名和密码
private void CommandPassword(User user, string command, string param)
{
    string sendString = string.Empty;
    if(command == "PASS")
    {
        string password = null;
        if(users.TryGetValue(user.userName, out password))
        {
            if(password == param)
            {
                sendString = "230 User logged in success";
                user.LoginOK = 2;   //2表示登录成功
            }
            else
                sendString = "530 Password incorrect.";
        }
        else
        {
            sendString = "530 User name or password incorrect.";
        }
    }
    else
    {
        sendString = "501 PASS command Syntax error.";
    }
    ReplyCommandToUser(user, sendString);
    //用户当前工作目录
    user.CurrentDir = user.workDir;
}
```

```csharp
//处理CWD命令,改变工作目录
private void CommandCWD(User user, string temp)
{
    string sendString = string.Empty;
    try
    {
        string dir = user.workDir.TrimEnd('/') + temp;
        //当前目录的子目录,且不包含父目录名称
        if(Directory.Exists(dir))
        {
            user.CurrentDir = dir;
            sendString = "250 Directory changed to '" + dir + "' successfully";
        }
        else
        {
            sendString = "550 Directory '" + dir + "' does not exist";
        }
    }
    catch
    {
        sendString = "502 Directory changed unsuccessfully";
    }
    ReplyCommandToUser(user, sendString);
}
//增加尾缀
private String AddEnd(String s)
{
    if(!s.EndsWith("/"))
        s += "/";
    return s;
}
//处理PWD命令,显示工作目录
private void CommandPWD(User user)
{
    string sendString = string.Empty;
    sendString = "257 '" + user.CurrentDir + "' is the current directory";
    ReplyCommandToUser(user, sendString);
}
//处理PASV命令,设置数据传输模式
private void CommandPASV(User user)
{
    string sendString = string.Empty;
    //IPAddress localIP = Dns.GetHostEntry("").AddressList[0];
    IPAddress localIP = IPAddress.Parse("127.0.0.1");
    //被动模式
    Random random = new Random();
    int randNum1, randNum2, port;
    while(true)
    {
        randNum1 = random.Next(5, 200);
```

```csharp
            randNum2 = random.Next(0, 200);
            port = (randNum1 << 8) | randNum2;
            try
            {
                user.dataListener = new TcpListener(localIP, port);
                AddInfo("被动模式--" + localIP.ToString() + ":" + port);
            }
            catch
            {
                continue;
            }
            user.isPassive = true;
            string tmp = localIP.ToString().Replace('.', ',');
            sendString = "227 Entering Passive Mode (" + tmp + "," + randNum1
                + "," + randNum2 + ")";
            ReplyCommandToUser(user, sendString);
            user.dataListener.Start();
            break;
        }
    }
    //处理 PORT 命令,使用主动模式进行传输,获取客户端发过来的数据连接 IP 及端口信息
    private void CommandPORT(User user, string portString)
    {
        string sendString = string.Empty;
        String[] tmp = portString.Split(',');
        String ipString = "" + tmp[0] + "." + tmp[1] + "." + tmp[2] + "." + tmp[3];
        int portNum = (int.Parse(tmp[4]) << 8) | int.Parse(tmp[5]);
        user.remoteEndPoint = new IPEndPoint(IPAddress.Parse(ipString),
        portNum);
        sendString = "200 PORT command successful.";
        ReplyCommandToUser(user, sendString);
    }
    //处理 LIST 命令,向客户端发送当前或指定工作目录下的所有文件名和子目录名
    private void CommandLIST(User user, string parameter)
    {
        string sendString = string.Empty;
        DateTimeFormatInfo m = new CultureInfo("en-US", true).DateTimeFormat;
        //得到目录列表
        string[] dir = Directory.GetDirectories(user.CurrentDir);
        if(string.IsNullOrEmpty(parameter) == false)
        {
            if(Directory.Exists(user.CurrentDir + parameter))
            {
                dir = Directory.GetDirectories(user.CurrentDir + parameter);
            }
            else
            {
                string s = user.CurrentDir.TrimEnd('/');
                user.CurrentDir = s.Substring(0, s.LastIndexOf("/") + 1);
            }
```

```csharp
    }
    for(int i = 0; i < dir.Length; i++)
    {
        string folderName = Path.GetFileName(dir[i]);
        DirectoryInfo d = new DirectoryInfo(dir[i]);
        //为了能用CuteFTP客户端测试本程序,按下面的格式输出目录列表
        sendString += @"dwr-\t" + Dns.GetHostName() + "\t" +
            m.GetAbbreviatedMonthName(d.CreationTime.Month) +
            d.CreationTime.ToString(" dd yyyy") + "\t" +
            folderName + Environment.NewLine;
    }
    //得到文件列表
    string[] files = Directory.GetFiles(user.CurrentDir);
    if(string.IsNullOrEmpty(parameter) == false)
    {
        if(Directory.Exists(user.CurrentDir + parameter + "/"))
        {
            files = Directory.GetFiles(user.CurrentDir + parameter + "/");
        }
    }
    for(int i = 0; i < files.Length; i++)
    {
        FileInfo f = new FileInfo(files[i]);
        string fileName = Path.GetFileName(files[i]);
        //为了能用CuteFTP客户端测试本程序,按下面的格式输出文件列表
        sendString += "-wr-\t" + Dns.GetHostName() + "\t" + f.Length +
            " " + m.GetAbbreviatedMonthName(f.CreationTime.Month) +
            f.CreationTime.ToString(" dd yyyy") + "\t"+fileName + Environment. 
            NewLine;
    }
    bool isBinary = user.isBinary;
    user.isBinary = false;
    ReplyCommandToUser(user, "150 Opening ASCII mode data connection");
    InitDataSession(user);
    SendByUserSession(user, sendString);
    ReplyCommandToUser(user, "226 Transfer complete.");
    user.isBinary = isBinary;
}
//处理RETR命令,提供下载功能,将用户请求的文件发送给用户
private void CommandRETR(User user, string fileName)
{
    string sendString = "";
    //下载的文件全名
    string path = user.CurrentDir + fileName;
    FileStream fs = new FileStream(path, FileMode.Open, FileAccess.Read);
    //发送150到用户,意思为服务器文件状态良好
    if(user.isBinary)
    {
        sendString = "150 Opening BINARY mode data connection for  download";
    }
```

```csharp
        else
        {
            sendString = "150 Opening ASCII mode data connection for download";
        }
        ReplyCommandToUser(user, sendString);
        InitDataSession(user);
        SendFileByUserSession(user, fs);
        ReplyCommandToUser(user, "226 Transfer complete.");
    }
    //处理 STOR 命令，提供上传功能，接收用户上传的文件
    private void CommandSTOR(User user, string fileName)
    {
        string sendString = "";
        //上传的文件全名
        string path = user.CurrentDir + fileName;
        FileStream fs=new FileStream(path, FileMode.Create, FileAccess.Write);
        //发送 150 到用户，意思为服务器状态良好
        if (user.isBinary)
        {
            sendString = "150 Opening BINARY mode data connection for upload";
        }
        else
        {
            sendString = "150 Opening ASCII mode data connection for upload";
        }
        ReplyCommandToUser(user, sendString);
        InitDataSession(user);
        ReadFileByUserSession(user, fs);
        ReplyCommandToUser(user, "226 Transfer complete.");
    }
    //处理 TYPE 命令，设置数据传输方式
    private void CommandTYPE(User user, string param)
    {
        string sendString = "";
        if(param == "I")
        {
            //二进制方式
            user.isBinary = true;
            sendString = "200 Type set to I(Binary)";
        }
        else
        {
            //ASCII 方式
            user.isBinary = false;
            sendString = "200 Type set to A(ASCII)";
        }
        ReplyCommandToUser(user, sendString);
    }
    //处理客户端用户请求
    private void UserProcessing(object obj)
```

```csharp
{
    User user = (User)obj;
    string sendString = "220 FTP Server v1.0";
    string oldFileName = "";
    ReplyCommandToUser(user, sendString);
    while(true)
    {
        string receiveString = null;
        try
        {
            receiveString = user.commandSession.sr.ReadLine();
        }
        catch(Exception ex)
        {
            if(user.commandSession.client.Connected == false)
            {
                AddInfo("客户端断开连接");
            }
            else
            {
                AddInfo("接收命令失败:" + ex.Message);
            }
            break;
        }
        if(receiveString == null)
        {
            AddInfo("接收字符串为null，结束线程");
            break;
        }
            AddInfo(string.Format("来自[{0}]--{1}",user.commandSession.
                client.Client.RemoteEndPoint, receiveString));
        //分解客户端发来的控制信息中的命令及参数
        string command = receiveString;
        string param = string.Empty;
        int index = receiveString.IndexOf(' ');
        if(index != -1)
        {
            command = receiveString.Substring(0, index).ToUpper();
            param = receiveString.Substring(command.Length).Trim();
        }
        //处理不需登录即可响应的命令(此处仅处理QUIT)
        if(command == "QUIT")
        {
            //关闭TCP连接并释放与其关联的所有资源
            user.commandSession.Close();
            return;
        }
        else
        {
            switch(user.LoginOK)
```

```
        {
            //等待用户输入用户名
            case 0:
                CommandUser(user, command, param);
                break;
            //等待用户输入密码
            case 1:
                CommandPassword(user, command, param);
                break;
            //用户名和密码验证正确时登录
            case 2:
                {
                    switch(command)
                    {
                        case "CWD":
                            CommandCWD(user, param);
                            break;
                        case "PWD":
                            CommandPWD(user);
                            break;
                        case "PASV":
                            CommandPASV(user);
                            break;
                        case "PORT":
                            CommandPORT(user, param);
                            break;
                        case "LIST":
                        case "NLST":
                            CommandLIST(user, param);
                            break;
                        //处理下载文件命令
                        case "RETR":
                            CommandRETR(user, param);
                            break;
                        //处理上传文件命令
                        case "STOR":
                            CommandSTOR(user, param);
                            break;
                        case "TYPE":
                            CommandTYPE(user, param);
                            break;
                        default:
                            sendString = "502 command is not implemented.";
                            ReplyCommandToUser(user, sendString);
                            break;
                    }
                }
                break;
        }
    }
```

```csharp
    }
}
//初始化数据连接
private void InitDataSession(User user)
{
    TcpClient client = null;
    if(user.isPassive)
    {
        AddInfo("采用被动模式返回LIST命令结果");
        client = user.dataListener.AcceptTcpClient();
    }
    else
    {
        AddInfo("采用主动模式向用户发送LIST结果");
        client = new TcpClient();
        client.Connect(user.remoteEndPoint);
    }
    user.dataSession = new UserSession(client);
}
//使用数据连接发送字符串数据
private void SendByUserSession(User user, string sendString)
{
    AddInfo("开始向用户发送：" + sendString);
    try
    {
        user.dataSession.sw.WriteLine(sendString);
        AddInfo("发送完毕");
    }
    finally
    {
        user.dataSession.Close();
    }
}
//使用数据连接接收文件流
private void ReadFileByUserSession(User user, FileStream fs)
{
    AddInfo("开始接收");
    try
    {
        if(user.isBinary)
        {
            byte[] bytes = new byte[1024];
            BinaryWriter bw = new BinaryWriter(fs);
            int count = user.dataSession.br.Read(bytes, 0, bytes.Length);
            while(count > 0)
            {
                bw.Write(bytes, 0, count);
                bw.Flush();
                count = user.dataSession.br.Read(bytes, 0, bytes.Length);
            }
```

```
            }
            else
            {
                StreamWriter sw = new StreamWriter(fs);
                while(user.dataSession.sr.Peek() > -1)
                {
                    sw.WriteLine(user.dataSession.sr.ReadLine());
                    sw.Flush();
                }
            }
            AddInfo("接收完毕");
        }
        finally
        {
            user.dataSession.Close();
            fs.Close();
        }
    }
    //使用数据连接发送文件流
    private void SendFileByUserSession(User user, FileStream fs)
    {
        AddInfo("开始发送文件流");
        try
        {
            if(user.isBinary)
            {
                byte[] bytes = new byte[1024];
                BinaryReader br = new BinaryReader(fs);
                int count = br.Read(bytes, 0, bytes.Length);
                while(count > 0)
                {
                    user.dataSession.bw.Write(bytes, 0, count);
                    user.dataSession.bw.Flush();
                    count = br.Read(bytes, 0, bytes.Length);
                }
            }
            else
            {
                StreamReader sr = new StreamReader(fs);
                while (sr.Peek() > -1)
                {
                    user.dataSession.sw.WriteLine(sr.ReadLine());
                }
            }
            AddInfo("发送完毕");
        }
        finally
        {
            user.dataSession.Close();
            fs.Close();
```

第 5 章　网络协议与编程实现

```csharp
        }
    }
    //向客户端用户发送响应码信息
    private void ReplyCommandToUser(User user, string str)
    {
        try
        {
            user.commandSession.sw.WriteLine(str);
            AddInfo(string.Format("向{0}发送: {1}", user.commandSession.client.
            Client.RemoteEndPoint, str));
        }
        catch
        {
            AddInfo(string.Format("向{0}发送信息失败", user.commandSession.client.
            Client.RemoteEndPoint));
        }
    }
    //停止 FTP 服务
    private void buttonStop_Click(object sender, EventArgs e)
    {
        this.Close();
    }
    //向 listBoxStatus 中添加状态信息
    private delegate void AddInfoDelegate(string str);
    private void AddInfo(string str)
    {
        if(listBoxStatus.InvokeRequired == true)
        {
            AddInfoDelegate d = new AddInfoDelegate(AddInfo);
            this.Invoke(d, str);
        }
        else
        {
            listBoxStatus.Items.Add(str);
            listBoxStatus.SelectedIndex = listBoxStatus.Items.Count - 1;
            listBoxStatus.ClearSelected();
        }
    }
}
```

2. FTP 客户端

(1) 创建 ftpClient 项目，并添加命名空间。

```csharp
using System.Net;
using System.IO;
```

(2) 客户端实现关键代码。

```csharp
public partial class FormMain : Form
{
    private const int ftpPort = 21;    //控制连接服务器端口
```

```csharp
private string ftpUriString;            //要访问的资源
private NetworkCredential networkCredential;    //身份验证信息
private string currentDir = "/"; //客户端当前工作目录
public FormMain()
{
    InitializeComponent();
    //此处假设服务器配置在本机
    //并设置用户名为mytestName，密码为12345
    //IPAddress[] ips = Dns.GetHostAddresses("");
    //textBoxServer.Text = ips[0].ToString();
    textBoxServer.Text = "127.0.0.1";
    textBoxUserName.Text = "mytestName";
    textBoxPassword.Text = "12345";
}
//登录
private void buttonLogin_Click(object sender, EventArgs e)
{
    if(textBoxServer.Text.Length == 0)
    {
        return;
    }
    //拼接要访问的资源URI
    ftpUriString = "ftp://" + textBoxServer.Text;
    networkCredential = new NetworkCredential(textBoxUserName.Text,
    textBoxPassword.Text);
    if(ShowFtpFileAndDirectory() == true)
    {
        buttonLogin.Enabled = false;
    }
}
//上传文件
private void buttonUpload_Click(object sender, EventArgs e)
{
    //选取要上传的文件
    OpenFileDialog f = new OpenFileDialog();
    if(f.ShowDialog() != DialogResult.OK)
    {
        return;
    }
    FileInfo fileInfo = new FileInfo(f.FileName);
    string uri = GetUriString(fileInfo.Name);
    FtpWebRequest request=CreateFtpWebRequest(uri,WebRequestMethods.
    Ftp.UploadFile);
    request.ContentLength = fileInfo.Length;
    int buffLength = 8196;
    byte[] buff = new byte[buffLength];
    FileStream fs = fileInfo.OpenRead();
    try
    {
        Stream responseStream = request.GetRequestStream();
```

```csharp
            int contentLen = fs.Read(buff, 0, buffLength);
            while(contentLen != 0)
            {
                responseStream.Write(buff, 0, contentLen);
                contentLen = fs.Read(buff, 0, buffLength);
            }
            responseStream.Close();
            fs.Close();
            FtpWebResponse response = GetFtpResponse(request);
            if(response == null)
            {
                return;
            }
            ShowFtpFileAndDirectory();
        }
        catch(Exception err)
        {
            MessageBox.Show(err.Message, "上传失败");
        }
    }
    //下载文件
    private void buttonDownload_Click(object sender, EventArgs e)
    {
        string fileName = GetSelectedFile();
        if(fileName.Length == 0)
        {
            MessageBox.Show("请先选择要下载的文件");
            return;
        }
        string filePath = Application.StartupPath + "\\DownLoad";
        if(Directory.Exists(filePath) == false)
        {
            Directory.CreateDirectory(filePath);
        }
        Stream responseStream = null;
        FileStream fileStream = null;
        StreamReader reader = null;
        try
        {
            string uri = GetUriString(fileName);
            FtpWebRequest request=CreateFtpWebRequest(uri,WebRequestMethods.Ftp.DownloadFile);
            FtpWebResponse response = GetFtpResponse(request);
            if(response == null)
            {
                return;
            }
            responseStream = response.GetResponseStream();
            string path = filePath + "\\" + fileName;
            fileStream = File.Create(path);
```

```csharp
        byte[] buffer = new byte[8196];
        int bytesRead;
        while(true)
        {
            bytesRead = responseStream.Read(buffer, 0, buffer.Length);
            if(bytesRead == 0)
            {
                break;
            }
            fileStream.Write(buffer, 0, bytesRead);
        }
        MessageBox.Show("下载完毕");
    }
    catch(UriFormatException err)
    {
        MessageBox.Show(err.Message);
    }
    catch(WebException err)
    {
        MessageBox.Show(err.Message);
    }
    catch(IOException err)
    {
        MessageBox.Show(err.Message);
    }
    finally
    {
        if(reader != null)
        {
            reader.Close();
        }
        else if(responseStream != null)
        {
            responseStream.Close();
        }
        if(fileStream != null)
        {
            fileStream.Close();
        }
    }
}
//选项发生变化时触发
private void listBoxFtp_SelectedIndexChanged(object sender, EventArgs e)
{
    if(listBoxFtp.SelectedIndex > 0)
    {
        string fileName = GetSelectedFile();
        textBoxSelectedFile.Text = fileName;
    }
}
```

```csharp
//双击 listBoxFtp 时触发
private void listBoxFtp_DoubleClick(object sender, EventArgs e)
{
    //返回上层目录
    if(listBoxFtp.SelectedIndex == 0)
    {
        if(currentDir == "/")
        {
            MessageBox.Show("该目录已经是最顶层！", "",
                MessageBoxButtons.OK, MessageBoxIcon.Exclamation);
            return;
        }
        int index = currentDir.LastIndexOf("/");
        if(index == 0)
        {
            currentDir = "/";
        }
        else
        {
            currentDir = currentDir.Substring(0, index);
        }
        ShowFtpFileAndDirectory();
    }
    else if(listBoxFtp.SelectedIndex>0 && listBoxFtp.SelectedItem.
        ToString().Contains("[目录]"))
    {
        if(currentDir == "/")
        {
            currentDir = "/" + listBoxFtp.SelectedItem.ToString().Substring(4);
        }
        else
        {
            currentDir = currentDir + "/" + listBoxFtp.SelectedItem.ToStr
                ing().Substring(4);
        }
        ShowFtpFileAndDirectory();
    }
}
//从服务器获取指定路径下文件及子目录列表，并显示
private bool ShowFtpFileAndDirectory()
{
    listBoxFtp.Items.Clear();
    string uri = string.Empty;
    if(currentDir == "/")
    {
        uri = ftpUriString;
    }
    else
    {
        uri = ftpUriString + currentDir;
```

```csharp
}
FtpWebRequest request = CreateFtpWebRequest(uri, WebRequestMethods.Ftp.
ListDirectoryDetails);
//获取服务器端响应
FtpWebResponse response = GetFtpResponse(request);
if(response == null)
    return false;
listBoxInfo.Items.Add("服务器返回: " + response.StatusDescription);
//读取网络流信息
StreamReader sr = new StreamReader(response.GetResponseStream(), Encod
ing.Default);
string s = sr.ReadToEnd();
string[] ftpDir = s.Split(Environment.NewLine.ToCharArray(), String
SplitOptions.RemoveEmptyEntries);
//在 listBoxInfo 中显示服务器响应的原信息
listBoxInfo.Items.AddRange(ftpDir);
listBoxInfo.Items.Add("服务器返回: " + response.StatusDescription);
//添加单击能返回上层目录的项
listBoxFtp.Items.Add("返回上层目录");
int len = 0;
for(int i = 0; i < ftpDir.Length; i++)
{
    if(ftpDir[i].EndsWith("."))
    {
        len = ftpDir[i].Length - 2;
        break;
    }
}
for(int i = 0; i < ftpDir.Length; i++)
{
    s = ftpDir[i];
    intindex = s.LastIndexOf('\t');
    if(index == -1)
    {
        if (len < s.Length)
            index = len;
        else
            continue;
    }
    string name = s.Substring(index + 1);
    if(name == "." || name == "..")
        continue;
    //判断是否为目录,在项前进行表示
    if(s[0] == 'd' || (s.ToLower()).Contains("<dir>"))
    {
        listBoxFtp.Items.Add("[目录]" + name);
    }
}
for(int i = 0; i < ftpDir.Length; i++)
{
```

```csharp
            s = ftpDir[i];
            int index = s.LastIndexOf('\t');
            if(index == -1)
            {
                if(len < s.Length)
                    index = len;
                else
                    continue;
            }
            string name = s.Substring(index + 1);
            if(name == "." || name == "..")
                continue;
            //判断是否为文件,在项前进行表示
            if(!(s[0] == 'd' || (s.ToLower()).Contains("<dir>")))
            {
                listBoxFtp.Items.Add("[文件]" + name);
            }
        }
        return true;
    }
    //创建FtpWebRequest对象
    private FtpWebRequest CreateFtpWebRequest(string uri, string requestMethod)
    {
        FtpWebRequest request = (FtpWebRequest)FtpWebRequest.Create(uri);
        request.Credentials = networkCredential;
        request.KeepAlive = true;
        request.UseBinary = true;
        request.Method = requestMethod;
        return request;
    }
    //获得服务器端响应信息
    private FtpWebResponse GetFtpResponse(FtpWebRequest request)
    {
        FtpWebResponse response = null;
        try
        {
            response = (FtpWebResponse)request.GetResponse();
            return response;
        }
        catch(WebException err)
        {
            listBoxInfo.Items.Add("出现异常,FTP返回状态: " + err.Status.ToString());
            FtpWebResponse e = (FtpWebResponse)err.Response;
            listBoxInfo.Items.Add("Status Code :" + e.StatusCode);
            listBoxInfo.Items.Add("StatusDescription:" + e.StatusDescription);
            return null;
        }
        catch(Exception err)
        {
            listBoxInfo.Items.Add(err.Message);
```

```
            return null;
        }
    }
    //获取在 listBoxFtp 中所选择文件的文件名
    private string GetSelectedFile()
    {
        string fileName = "";
        if(!(listBoxFtp.SelectedIndex == -1 ||
            listBoxFtp.SelectedItem.ToString().Substring(0, 4) == "[目录]"))
        {
            fileName = listBoxFtp.SelectedItem.ToString().Substring(4).Trim();
        }
        return fileName;
    }
    private string GetUriString(string fileName)
    {
        string uri = string.Empty;
        if(currentDir.EndsWith("/"))
        {
            uri = ftpUriString + currentDir + fileName;
        }
        else
        {
            uri = ftpUriString + currentDir + "/" + fileName;
        }
        return uri;
    }
}
```

第6章 网络安全技术

网络安全是当今互联网时代最受关注的问题之一。我们日常接触的网络系统存在很多问题，这是因为系统存在诸多不确定因素，如软件的设计、硬件的设置、研发人员的习惯或管理人员的操作方式等。但是，我们可以使用一些方法来排除或控制这些问题。因此，我们需要了解和掌握一些网络攻防技术。

本章主要介绍常用的网络攻击和网络防御技术，分为以下任务：
(1) 网络攻击技术之IP地址隐藏；
(2) 网络攻击技术之网络扫描；
(3) 网络攻击技术之网络监听；
(4) 网络攻击技术之缓冲区溢出攻击；
(5) 网络攻击技术之病毒与木马攻击；
(6) 网络防御技术之防火墙技术；
(7) 网络防御技术之入侵检测系统。

通过以上任务的实现，希望能够对网络安全技术有一个逐步认识和熟悉的过程。由于网络安全技术涵盖范围较广，全面地了解和掌握是比较困难的，因此在学习过程中应选择较为适合自己的某个方面进行突破，然后循序渐进地掌握其他方面的技术。

6.1 网络安全技术概述

网络安全问题随着计算机技术的迅速发展而日益突出。近年来层出不穷的网络安全事件使得社会、个人都遭受了巨大的损失，也使网络安全问题成为网络技术发展的一大障碍。网络安全具体指的是什么？环境、对象不同使得对网络安全的定义也不尽相同，一个通用定义指网络信息系统的硬件、软件及其系统中的数据受到保护，不会遭到偶然的或者恶意的破坏、更改、泄露，系统能连续、可靠、正常地运行，服务不中断。简单来说就是在网络环境下能够识别和消除不安全因素的能力。

不同环境对网络安全的需求也不同。从网络运行和管理者角度说，他们希望对本地网络信息的访问、读写等操作受到保护和控制，避免出现"陷门"、病毒、非法存取、拒绝服务和网络资源非法占用或非法控制等威胁。对安全保密部门来说，他们希望对非法的、有害的或涉及国家机密的信息进行过滤和防堵，避免机要信息泄露，避免造成国家的巨大损失。从社会教育和意识形态角度来讲，网络上不健康的内容会对社会的稳定和人类的发展造成阻碍，必须对其进行控制。从个人使用者的角度看，希望在网络上能够稳定地使用网络功能，防止个人隐私泄露而造成物质与精神上的损失。

为了对抗各种各样的网络安全问题，不同的网络安全技术应运而生。计算机网络安全技术简称网络安全技术，主要是指致力于解决诸如如何有效进行介入控制，以及如何保证数据传输的安全性的技术手段。

由于网络安全技术内容庞大而复杂，本章从网络攻击与网络防御两个方面进行介绍。希望通过网络攻防基本任务的实现，使学生了解网络攻击的技术原理、主要步骤以及常用工具。

在此基础上，使学生学会使用防火墙和入侵检测系统等工具有针对性地设计网络防御策略，从而提高学生的网络安全意识和实际操作能力。

6.2 任务一：网络攻击技术之 IP 地址隐藏

6.2.1 学习目标

为了防止攻击过程中被发现，攻击者在实施攻击前需要隐藏自身的信息。最基本的信息就是网络地址。通过任务的实现，使学生认识到身份隐藏的重要性，了解网络代理机制，并掌握代理服务器的配置及使用方法。

6.2.2 任务描述

使用 CCProxy 代理软件实现 IP 地址隐藏，任务实现环境的网络拓扑见图 6-1。具体要求为：主机 B 通过代理服务器(主机 A)访问 Web 服务器(主机 C)，但主机 C 上监控到与之建立连接的 IP 地址为主机 A 的地址，而不是主机 B。

任务实现环境：Windows XP 操作系统，Windows 2000 Server 操作系统，CCProxy v7.2 演示版和 SocksCap v2.38 软件。

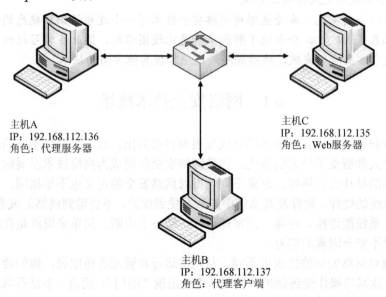

图 6-1　任务实现环境的网络拓扑

6.2.3 任务分析

使用 CCProxy 软件建立代理服务器，实现代理客户端的 IP 地址的隐藏。

6.2.4 相关知识

网络攻击身份隐藏技术是网络攻击者保护自身安全的手段。目前比较流行的隐藏技术可分为以下几方面。

(1)网络地址的隐藏，包括 IP 地址欺骗、MAC 地址伪造、电子邮件地址仿冒等。

(2)盗用他人网络账户，攻击者为转移网络安全人员的追踪盗用他人账号进行攻击，如常用的 QQ 账号。

（3）数据加密，攻击者为逃避追踪，使用数据加密技术加密发送的信息，使网络安全人员无法读懂，从而达到保护自己的目的。

（4）程序隐藏，攻击者或攻击程序在进入目标机器系统后，伪造或仿冒系统文件或系统进程实施攻击，以达到干扰或迷惑系统管理员的目的。

以上是比较常见的隐藏技术，然而网络攻击技术发展很快，新方法和新技术层出不穷。为了能及时地发现、追踪到网络攻击者，网络安全管理人员应充分认识到隐藏技术的危害性，并熟练掌握隐藏技术的原理和方式。

6.2.5 任务实现步骤

（1）安装 CCProxy 软件。首先在主机 A 上安装 CCProxy。安装完成后打开该软件，其主界面见图 6-2。

图 6-2 CCProxy 主界面

（2）代理服务器的设置。单击"设置"按钮，在弹出的"设置"对话框中进行如下设置，见图 6-3。图中显示软件可代理的服务，包括邮件、DNS、网页缓存等；可代理的协议也比较全面，包括 HTTP、FTP、SOCKS 等。这里采用默认设置，选中 SOCKS/MMS 协议，端口默认。

返回主界面，单击"账号"按钮。在"允许范围"下拉列表框中选择"允许部分"选项；在"验证类型"下拉列表框中选择"用户/密码"选项，见图 6-4。

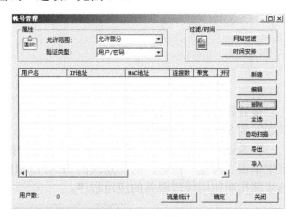

图 6-3 软件设置　　　　　　　　　　图 6-4 账号管理

单击"新建"按钮，以建立允许使用的用户名和密码。这里用户名设为 user1，密码为 123456，并单击"确定"按钮，完成用户的添加，如图 6-5 所示。在"账号管理"窗体单击"确定"按钮完成代理服务器的设置。

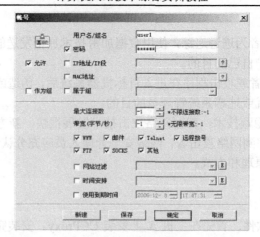

图 6-5 添加账号

（3）代理客户端的设置。在主机 B 上安装代理客户端软件 SocksCap 并运行，如图 6-6 所示。

选择"文件"→"设置"命令，打开 SocksCap 设置窗口，并在 SOCKS 服务器文本框中填写 CCProxy 服务器的 IP 地址（这里为 192.168.112.136），端口填写 CCProxy 服务器的 SOCKS 监听端口（默认为 1080）；选择 SOCKS 版本 5，并设置支持的验证方式为"用户名/密码"，然后单击"确定"按钮，如图 6-7 所示。

图 6-6 SocksCap 软件界面

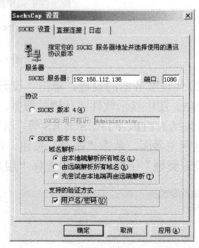

图 6-7 SocksCap 软件设置

接着在弹出的"用户名/密码验证"窗口中，填写新添加的用户名和密码后单击"确定"按钮回到 SocksCap 控制台。

在 SocksCap 控制台主界面中单击"新建"按钮，在弹出的"新建应用程序标识项"对话框中单击"浏览"按钮，选择系统的 IEXPLORE（IE 浏览器应用程序），具体路径见图 6-8，该步骤指明使用代理服务的应用程序。

图 6-8 新建应用程序标识项

(4)隐藏的实现。首先,在主机 C 上开启 IIS 服务器,并配置主页。接着在 SocksCap 控制台双击新建的"IEXPLORE"图标,启动 IE 浏览器,在地址栏中输入主机 C 的地址访问其主页,如图 6-9 所示。

在主机 C 上使用 netstat-an 命令,将看到如图 6-10 所示的连接信息。从图 6-10 所示界面可以看到与主机 C 的 80 端口建立连接的主机的 IP 地址为 192.168.112.136,即代理服务器的地址,而非真正的主机的 IP 地址 192.168.112.137,从而实现了 IP 地址的隐藏。

图 6-9 双击"IEXPLORE"图标

图 6-10 查看连接情况

6.3 任务二:网络攻击技术之网络扫描

6.3.1 学习目标

通过任务使学生掌握网络扫描工具的安装、使用方法。通过主机漏洞扫描发现目标主机存在的漏洞,通过端口扫描发现目标主机的开放端口和服务,通过操作系统类型扫描判断目标主机的操作系统类型。扫描完成后对扫描结果进行分析与判断。

6.3.2 任务描述

使用 X-Scan 实现网络(局域网)的扫描。任务环境拓扑见图 6-11。

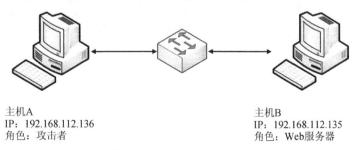

主机A
IP:192.168.112.136
角色:攻击者

主机B
IP:192.168.112.135
角色:Web服务器

图 6-11 任务实现环境拓扑

任务实现环境:Windows XP 操作系统,Windows 2000 Server 操作系统,X-Scan v3.3。

6.3.3 任务分析

网络扫描与信息搜集。使用 X-Scan 对所处网络进行扫描，从扫描结果分析出目标机器存在的漏洞。

6.3.4 相关知识

网络扫描是对整个目标网络或单台主机进行全面、快速、准确的获取信息的必要手段。通过网络扫描发现对方、获取对方的信息是进行网络攻防的前提。

常见的扫描技术主要有以下几种。

(1) 存活性扫描：指对网络中机器存活状态的评估。使用的手段通常有 ICMP Echo 扫描、ICMP Sweep 扫描、广播型 ICMP 扫描和 Non-Echo ICMP 扫描等。但是被扫描网络或主机有可能骗过这种扫描方式，例如，使用防火墙拒绝 ping。

(2) 端口扫描：针对主机判断端口的工作状态即开启或关闭。如果主机开启相关服务，则无法隐藏端口工作状态，因此端口扫描也可以作为主机存活性扫描的辅助手段。流行的端口扫描技术有 TCP 扫描、UDP 扫描等。

(3) 服务识别：通过端口扫描的结果判断主机提供的服务及其版本。例如，80 端口开放可能是开启了 HTTP；21 端口开放可能是开启了 FTP 服务。然而，纯粹根据端口来判断服务类型精度不高，还需要通过进一步的协议数据包分析进行判断。

(4) 操作系统识别：通过服务识别的结果判断主机使用的操作系统类型及其版本。通常使用指纹技术。所谓指纹技术指的是利用不同操作系统在 TCP/IP 协议栈实现上的特点来判断。例如，Linux 和 FreeBSD 系统缺省 TTL 值设置为 64，而其他系统设为小于 30。

6.3.5 任务实现步骤

(1) 在主机 A 上安装 X-Scan。安装完成后，打开 X-Scan 主界面，如图 6-12 所示。

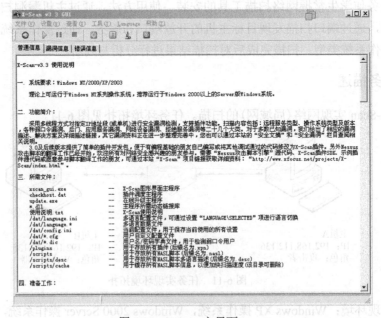

图 6-12　X-Scan 主界面

(2) X-Scan 设置。执行"设置"→"扫描参数"命令，弹出扫描参数设置对话框，在"指定 IP 范围"文本框中输入被扫描的 IP 地址或地址范围，如图 6-13 所示。在"全局设置"的扫描模块设置对话框中选择需要检测的模块。其他可以使用默认设置，也可以根据实际需要进行选择。

在扫描参数中，展开"全局设置"→"扫描模块"目录，对要扫描的内容进行选择，见图 6-14，如要扫描对象中存在 FTP 服务器和 FTP 客户，那么选择 FTP 弱口令对 FTP 连接进行扫描。注意：如果选择所有模块，则相对于配置不高的计算机，其扫描所耗费的时间可能会很长。因此，应该根据具体的需求选择相应的模块，以提高攻击效率。

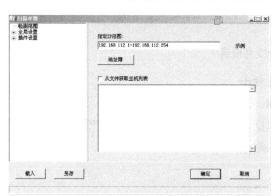

图 6-13 扫描参数设置

图 6-14 设置扫描模块

在图 6-15 所示界面中，可以设置"最大并发主机数量"、"最大并发线程数量"以及各插件最大并发线程数量的分配。此处应根据实际机器配置情况进行设置，如果没有特殊的需求一般按默认设置。

在"插件设置"界面中，可以对具体的扫描参数进行设置，如端口、SNMP 等，见图 6-16。在"字典文件设置"界面中，可以看到软件自带的用户名和密码字典，见图 6-17。选择某个字典并右击，选择相应的命令可以对其进行编辑。

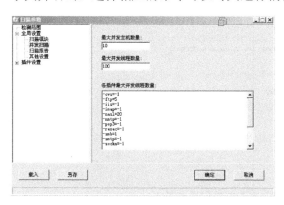

图 6-15 设置并发扫描参数

图 6-16 端口相关设置

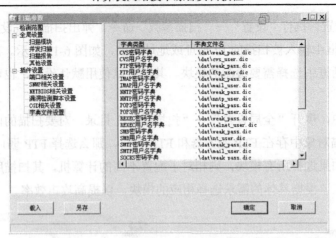

图 6-17 字典文件设置

单击菜单栏中的"工具"主菜单,任意选择其中一个选项打开,弹出"工具"对话框,见图 6-18。该功能提供了 5 个比较基本的网络测试小工具,包括物理地址查询、ARP 查询(ARP query)、Whois、路由追踪(Trace route)和 Ping。

(3) 开始扫描。设置完成后,在主界面执行"文件"→"开始扫描"命令,开始对目标主机或目标网络进行扫描,见图 6-19。在等待一段时间后,提示扫描完成并生成扫描报告。注意,X-Scan 要完成扫描功能,必须先安装 Winpcap。

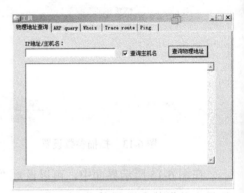

图 6-18 软件工具

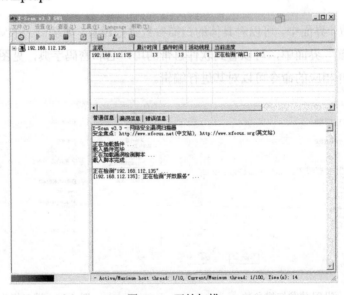

图 6-19 开始扫描

(4) 扫描结果分析。打开扫描结果的分析报告,可以看到有关目标主机开放端口和服务的详细报告。报告分为若干部分,见图 6-20、图 6-21 和图 6-22。

第 6 章 网络安全技术

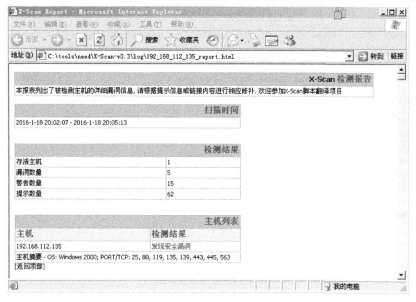

图 6-20 扫描报告部分 1

图 6-21 扫描报告部分 2

图 6-22　扫描报告部分 3

从扫描分析报告中，我们主要看存在的漏洞和解决方案两部分。在图 6-22 中主机 B 存在 NT-Server 弱口令的漏洞，根据该报告的提示需要修改口令，从而消除该漏洞。

6.4　任务三：网络攻击技术之网络监听

6.4.1　学习目标

通过本任务使学生熟悉网络监听的实现原理，掌握网络监听工具的安装、使用方法；能够发现监听数据中的有价值信息；会使用判断方法对网络中是否存在嗅探节点进行判断。

6.4.2　任务描述

学习使用 Sniffer Pro 进行网络监听的方法。任务实现环境的网络拓扑见图 6-23。

任务实现环境：Windows XP 操作系统，Windows 2000 Server 操作系统，Sniffer Pro v4.7.5。

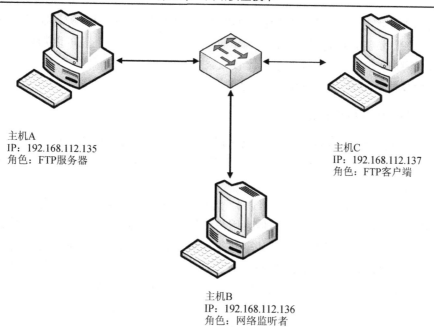

图 6-23 任务实现环境的网络拓扑

6.4.3 任务分析

在主机 A 上开启 FTP 服务器，并使用主机 C 上的 FTP 客户端登录 FTP 服务器。接着在主机 B 上安装 Sniffer Pro，并进行参数配置。配置完毕对网络进行监听。

6.4.4 相关知识

网络监听技术本来是提供给网络安全管理人员进行管理的技术，主要用来监视网络状态、数据包流动情况以及网络上传输的信息等。然而，一项技术往往具有两面性，网络管理人员可以使用网络监听工具对网络进行管理；而网络攻击者也可以使用网络监听工具获取网络信息，并根据这些信息实施攻击。

使用监听技术进行攻击只需将网络接口设置成监听模式，即网卡设置成混杂模式，便可以对同属于一个局域网上传输的数据包进行抓取。这是因为在目前主流的以太网协议中，主机都会接收到同属于一个局域网的其他主机发送的数据包。在默认设置的情况下，主机首先判断接收到的数据包是否是发送给自己的，如果是则接收，如果不是则丢弃。而将网卡的工作模式改为混杂模式后，主机对接收到的数据包不作目的地判断全部接收。

网络监听是很难被发现的，因为运行网络监听的主机只是被动地接收在局域网上传输的信息，不主动与其他主机交换信息，且没有修改在网上传输的数据包。目前常用的防范方法如下。

1. 对可能存在的网络监听的检测

(1) 对于怀疑运行监听程序的机器，用正确的 IP 地址和错误的物理地址去 ping 该主机，其会作出响应。这是因为正常的机器不接收具有错误物理地址的数据包，而处于监听状态的主机却能接收，如果其 IP 栈不再次反向检查，就会作出响应。

(2) 向网上发大量不存在的物理地址的数据包,由于监听程序要分析和处理大量的数据包会占用很多 CPU 资源,这将导致性能下降。通过比较可疑机器的性能可以判断主机是否实施网络监听,但这种方法的实际操作难度比较大。

(3) 使用反监听工具,如 Antisniffer 等进行检测。

2. 对网络监听的防范措施

(1) 从逻辑或物理上对网络分段。网络分段通常被认为是控制网络广播风暴的一种基本手段,但其实也是保证网络安全的一项措施。其目的是将非法用户与敏感的网络资源相互隔离,从而防止可能的非法监听。

(2) 以交换式集线器代替共享式集线器。对局域网的中心交换机进行网络分段后,局域网监听的危险仍然存在。这是因为网络最终用户的接入往往是通过分支集线器而不是中心交换机,使用最广泛的分支集线器通常是共享式集线器。这样,当用户与主机进行数据通信时,两台机器之间的单播数据包(Unicast Packet)还是会被同一台集线器上的其他用户所监听。因此,应该以交换式集线器代替共享式集线器,使单播数据包仅在两个节点之间传送,从而防止非法监听。当然,交换式集线器只能控制单播数据包而无法控制广播数据包(Broadcast Packet)和多播数据包(Multicast Packet),不过这两种数据包中的关键信息要远远少于单播数据包。

(3) 使用加密技术。数据经过加密后,通过监听仍然可以得到传送的信息,但显示的是乱码。使用加密技术的缺点是影响数据传输速度以及使用一种弱加密技术比较容易被攻破。系统管理员和用户需要在网络速度和安全性上进行折中考虑。

(4) 划分 VLAN。运用 VLAN 技术将以太网通信变为点到点通信,可以防止大部分基于网络监听的入侵。

6.4.5 任务实现步骤

1. Sniffer Pro 的安装和配置

(1) 安装完成后,打开软件弹出选择设置的界面,见图 6-24。选择需要监听的网络接口(网卡)后单击"确定"按钮进入软件主界面。图中一个 Local 代表一个本地代理(Local Agent),可以对本地网卡所接收到的数据包(包括目的地址不为该主机的数据包)进行监听。如果一台主机配置多个网卡,则有多个对应的本地代理可以选择,当然也可以自行添加。如果选中"Log Off"复选框,则表明以 Sniffer Pro 的脱机模式进入软件,此时软件的许多功能将不能使用。

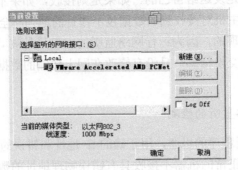

图 6-24 选择监听的网络接口

(2) 软件初始主界面包括菜单、快捷工具、仪表盘和数据统计图，见图 6-25。软件的主要功能都在快捷工具栏中，包括仪表盘(Dashboard)、主机列表(Host Table)、矩阵(Matrix)、请求响应时间(Application Response Time，ART)、历史(History)、协议分布(Protocol Distribution)和全局统计表(Global Statistics)，见图 6-26。

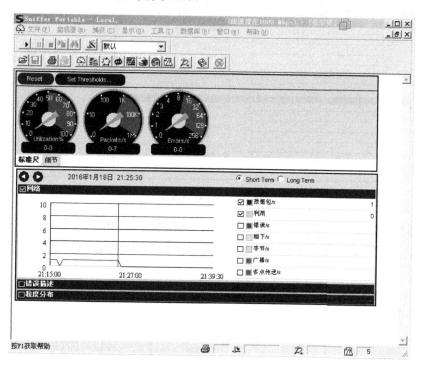

图 6-25　软件主界面

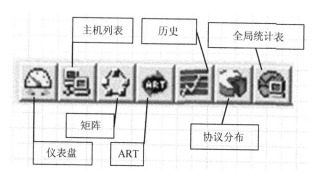

图 6-26　软件主要功能快捷工具

(3) 仪表盘中有 3 个仪表，分别是网络使用率、每秒数据包数量与每秒钟错误率。每个仪表下有两个数字，前面的表示当前值，后面的表示最大值。如果要看详细数据，可单击仪表盘下面的"细节"项，见图 6-27。

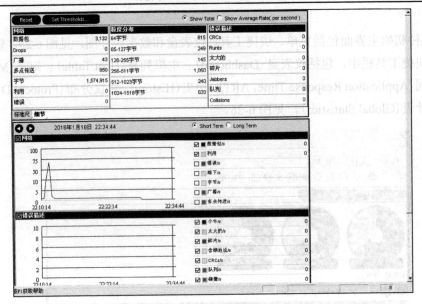

图 6-27 仪表盘显示

(4) 主机列表也是一个比较直观好用的功能，可以通过该功能查看当前流量最大的主机、网络流量等，见图 6-28。图下方有显示内容，包括 MAC、IP 和 IPX。一般情况下，IP 地址使用比较多。

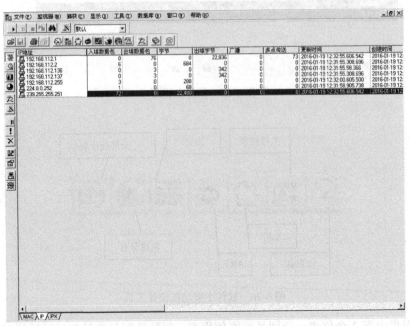

图 6-28 主机列表

(5) 单击"矩阵"图标，可以非常直观地观察到有哪些主机是活跃的及数据的流向，见图 6-29。矩阵功能可以用来评估网络状况、发现异常流量等，当然也可以用来发现病毒。

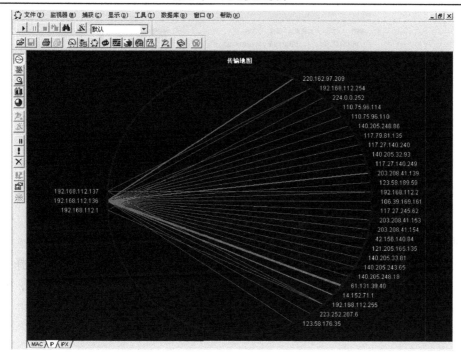

图 6-29 矩阵功能

(6)开启 Sniffer 的抓包功能，并通过捕获的数据包分析协议。首先，定义数据包过滤规则：在菜单中选择"捕获"→"定义过滤器"命令，弹出的对话框见图 6-30。

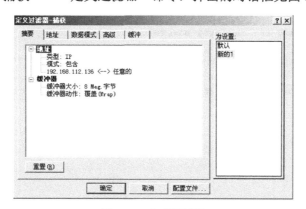

图 6-30 定义过滤器

(7)地址：包括 MAC 地址、IP 地址和 IPX 地址的定义。以定义 IP 地址过滤为例，见图 6-31。例如，要捕获地址为 192.168.112.136 的主机与其他主机通信的数据包，在"模式"选项组中选中"包含"单选按钮；在"位置 1"栏填上 IP 地址，另外一栏填上 any(表示所有的 IP 地址，在中文版中按默认的"任意的"）。"Dir."表示数据包方向。

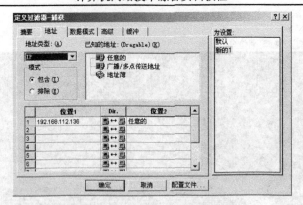

图 6-31 配置要捕获流向的数据包

其他几个选项卡功能分别如下。

高级：定义希望捕获的相关协议的数据包。例如，要捕获 FTP 数据包，则选择 IP→TCP→FTP，同时在"数据包大小"选项中可以定义捕获包的大小。如果不选任何协议，则意味着捕获所有协议的数据包。

缓冲：定义捕获数据包的缓冲区大小。

2. 开始监听

定义好过滤规则后，单击"开始"按钮进行抓包。过一段时间后，单击工具栏的"停止和显示"按钮进入分析数据包界面，见图 6-32。切换到"解码"选项卡查看数据包具体信息，见图 6-33。

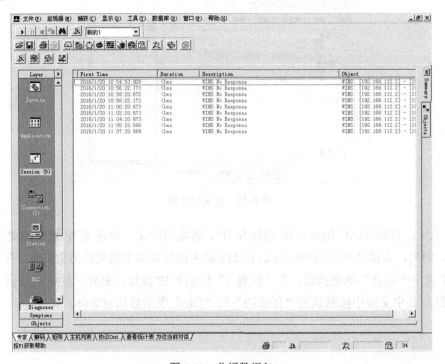

图 6-32 分析数据包

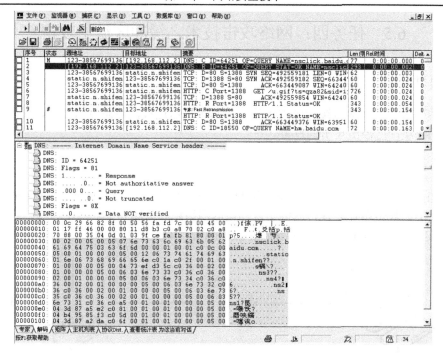

图 6-33 查看数据包具体信息

3. 对监听结果的分析

根据对数据包解码后的分析可以获得相关信息。在图 6-34 中，通过 Sniffer 捕获主机 A 与 C 之间的 FTP 数据，并获得 FTP 的用户名和密码。注意：这里的 FTP 传输信息使用的是明文方式。

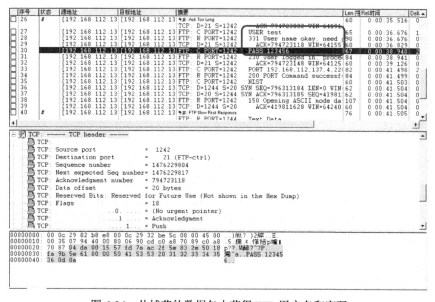

图 6-34 从捕获的数据包中获得 FTP 用户名和密码

6.5 任务四：网络攻击技术之缓冲区溢出攻击

6.5.1 学习目标

通过本任务使学生学习缓冲区溢出攻击的基本攻击过程，熟悉攻击环境，并且在了解的基础上认识到缓冲区溢出攻击的危害。

6.5.2 任务描述

在 Kali 操作系统环境中，利用系统漏洞实施缓冲区溢出攻击，并在溢出攻击成功后设置后门，为后继的攻击做好准备。任务实现环境的网络拓扑见图 6-35。

任务实现环境：Windows 2000 Server 操作系统，Kali v1.1a 操作系统。

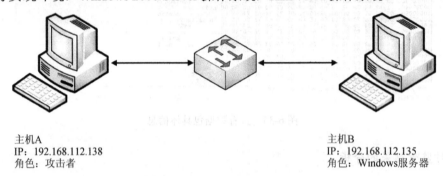

主机A
IP：192.168.112.138
角色：攻击者

主机B
IP：192.168.112.135
角色：Windows服务器

图 6-35　任务实现环境的网络拓扑

6.5.3 任务分析

任务的实现需要对 Kali 操作系统比较熟悉，这里假设学生已对该系统比较了解。任务主要分解为以下几个步骤进行：

（1）进入 Metasploit Framework 环境；
（2）配置 MS08-067 相关参数；
（3）实施攻击；
（4）攻击成功后的操作。

6.5.4 相关知识

缓冲区溢出是指当计算机向缓冲区内填充数据位数时超过了缓冲区本身的容量，溢出的数据覆盖在合法数据上。理想的情况是：程序会检查数据长度，而且并不允许输入超过缓冲区长度。但是绝大多数程序都会假设数据长度总是与所分配的存储空间相匹配，这就为缓冲区溢出埋下了隐患。操作系统所使用的缓冲区又被称为"堆栈"。在各个操作进程之间，指令会被临时存储在"堆栈"当中，例如：

```
void function (char *str){
   char buffer[16];
   strcpy(buffer,str);
}
```

其中，strcpy()将直接把 str 中的内容复制到 buffer 中。这样只要变量 str 的长度大于 16，就会造成 buffer 溢出，使程序运行出错。存在像 strcpy 这样的问题的标准函数还有 strcat()、 sprintf()、vsprintf()、gets()、scanf()等。

当然，随便往缓冲区中填东西造成它溢出一般只会出现分段错误（Segmentation Fault），而不能达到攻击的目的。最常见的手段是通过制造缓冲区溢出使程序运行一个用户 shell，再通过 shell 执行其他命令。如果该程序属于 root 且有 suid 权限，攻击者就获得了一个有 root 权限的 shell，可以对系统进行任意操作。

任务使用的 MS08-067 漏洞全称为"Windows Server 服务 RPC 请求缓冲区溢出漏洞"。如果用户在受影响的系统上收到特制的 RPC 请求，则该漏洞可能允许远程执行代码。 在 Microsoft Windows 2000、Windows XP 和 Windows Server 2003 系统上，攻击者可能未经身份验证即可利用此漏洞运行任意代码，此漏洞可用于进行蠕虫攻击，目前已经有利用该漏洞的蠕虫病毒。

6.5.5 任务实现步骤

（1）以 root 身份进入 Kali 系统，打开控制台，见图 6-36。

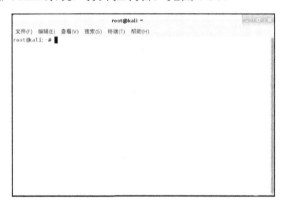

图 6-36　以 root 身份打开控制台

（2）使用 msfconsole 命令开启 Metasploit Framework，见图 6-37。

图 6-37　开启 Metasploit Framework

(3) 攻击前的准备。在 msf 中使用 ms08067 缓冲区溢出工具模块,输入以下命令:

```
use exploit/windows/smb/ms08_067_netapi
```

如果系统已包含该工具,则出现以下提示,表明已开始执行 ms08067。

```
msf > use exploit/windows/smb/ms08_067_netapi
msf exploit (ms08_067_netapi) >
```

接下来在 ms08067 中设置参数,注意大小写,相关参数如下:

```
set LHOST 192.168.112.138            #设置本地主机的 IP 地址
set RHOST 192.168.112.135            #设置目标主机的 IP 地址
set payload windows/shell_bind_tcp   #设置使用的 shellcode
```

设置完成后输入命令 show options 查看设置的信息,见图 6-38。

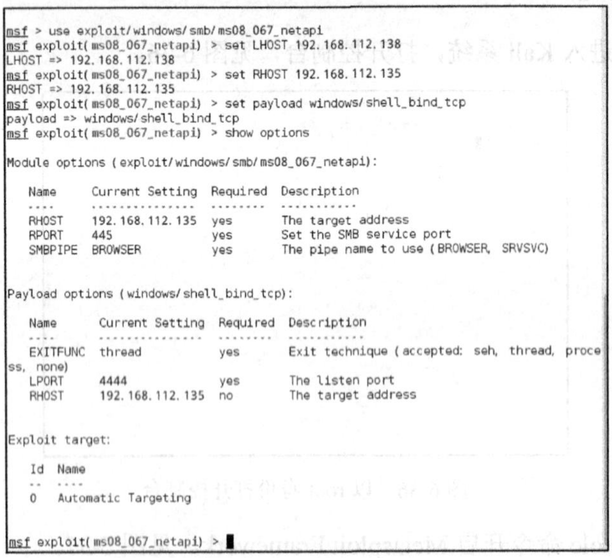

图 6-38 查看设置信息

从图 6-38 中可以看到 ms08067 使用的远程端口是 445,反弹端口是 4444。

(4) 实施攻击。在 msf 模式下输入命令 exploit,效果见图 6-39。

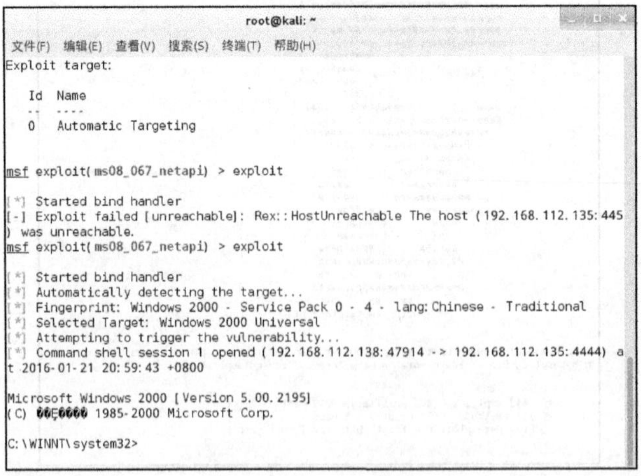

图 6-39 开始攻击

图 6-39 表明已通过 ms08067 获得系统权限，并进入到目标主机的 cmd 模式，图中的乱码是因为目标主机系统为 Windows 2000 Server 中文版，系统信息中的中文在 ms08067 中无法正常显示。

在命令行中输入命令"ipconfig"或"ipconfig/all"，见图 6-40，验证对目标主机是否渗透成功。图中框内表明已经处在目标主机中，并已获得 cmdshell 的权限，渗透成功。

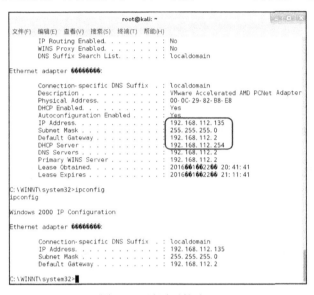

图 6-40　渗透后的验证

(5) 攻击后的操作。在目标主机创建新账号，为控制该目标主机设置后门，见图 6-41。首先通过"net user … /add"命令创建新账号 hello（密码也为 hello），然后提升账户 hello 的权限为 Administrator，即将该账号加入管理员组。

图 6-41　设置后门

在目标主机打开用户管理界面，见图 6-42 和图 6-43，从图中可以看到已经存在一个名为 hello 的用户，隶属于 Administrator 组。

图 6-42 在目标主机查看添加的用户

图 6-43 查看用户所属组

6.6 任务五：网络攻击技术之木马攻击

6.6.1 学习目标

通过本任务使学生了解木马程序的植入途径、使用方法，并充分认识到木马的危害性。

6.6.2 任务描述

使用冰河木马对目标主机进行攻击，即控制目标主机。

任务实现环境：Windows 2000 Server 操作系统，Windows XP 操作系统和冰河木马 v2.2。任务实现环境的网络拓扑见图 6-44。图中主机 A 为木马客户端，即攻击者；主机 B 为木马服务器端，即被攻击者。其中，服务器端是由客户端生成的；而客户端是用来监控服务器端的，所以要想正常连接服务器端，必须在生成前正确配置服务器端参数。

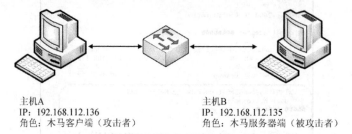

主机A
IP：192.168.112.136
角色：木马客户端（攻击者）

主机B
IP：192.168.112.135
角色：木马服务器端（被攻击者）

图 6-44 任务实现环境的网络拓扑

6.6.3 任务分析

任务的完成需要熟悉冰河木马的工作原理及参数配置，任务实现过程主要包括：
（1）安装木马程序；
（2）生成木马服务器端；
（3）将木马传入目标机器；

(4) 与目标机器进行连接；

(5) 对目标机器实施控制，如文件传输、屏幕控制及发送消息等。

6.6.4 相关知识

木马与计算机网络中常常用到的远程控制软件有些相似，但由于远程控制软件是"善意"的控制，因此通常不具有隐蔽性；木马则完全相反，木马要达到的是"偷窃"性的远程控制，如果没有很强的隐蔽性，那就是"毫无价值"的。

木马是指通过一段特定的程序(木马程序)来控制另一台计算机。木马通常有两个可执行程序：一个是客户端，即控制端；另一个是服务器端，即被控制端。植入被种者计算机的是"服务器"部分，而所谓的黑客正是利用"控制器"进入运行了"服务器端"的计算机。运行了木马程序的"服务器"以后，被种者的计算机就会有一个或几个端口被打开，使黑客可以利用这些打开的端口进入计算机系统，安全和个人隐私也就全无保障了。木马的设计者为了防止木马被发现而采用多种手段隐藏木马。木马的服务一旦运行并被控制端连接，其控制端将享有服务器端的大部分操作权限，例如，给计算机增加口令，浏览、移动、复制、删除文件，修改注册表，更改计算机配置等。

随着病毒编写技术的发展，木马程序对用户的威胁越来越大，尤其是一些木马程序采用了极其狡猾的手段来隐蔽自己，使普通用户很难在中毒后发觉。

6.6.5 任务实现步骤

(1) 准备好木马程序"冰河木马"后运行冰河木马客户端，见图 6-45。

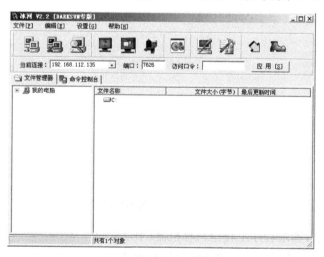

图 6-45　冰河木马主界面

(2) 生成服务器端。执行"设置"→"服务器端配置"菜单命令或者单击工具栏的配置按钮，在弹出的"服务器配置"对话框中进行配置，见图 6-46。图中"安装路径"表示安装到目标机器的目录；"文件名称"指的是在目标机器生成的木马程序文件的名字；"进程名称"指木马运行时在目标进程列表中显示的名字；"访问口令"指对这个服务程序访问的口令，可以不设置；"监听端口"为木马服务器端口，客户端连接时使用；"待配置文件"即生成的服务器文件名称。

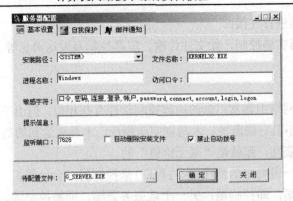

图 6-46 配置服务器端

(3) 在"自我保护"页面中,可以配置木马写入目标机器的注册表信息及关联文件类型,有 TxtFile 和 ExeFile 两类。在"邮件通知"页面中,可以配置目标机器的系统信息、开机口令、缓存口令或共享资源信息等发送给某个指定的邮箱,此服务可以设置也可以不设置,由具体需求而定。

配置好后,单击"确定"按钮即在客户端相同目录下生成服务器端程序,见图 6-47。

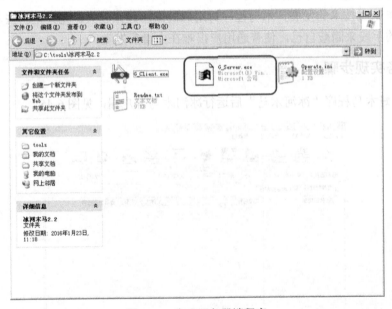

图 6-47 生成服务器端程序

(4) 将生成的服务器端程序上传至目标机器。在主机 A 中,打开"我的电脑",在地址栏中输入"\\192.168.112.135\c$",在弹出的对话框中输入用户账号和密码,等待一段时间后进入目标主机的 C 分区,见图 6-48 和图 6-49。还记得 6.5 节中缓冲区溢出成功后的操作吗?这里即使用 6.5 节创建的后门账号登录目标机器。

图 6-48 远程登录目标机

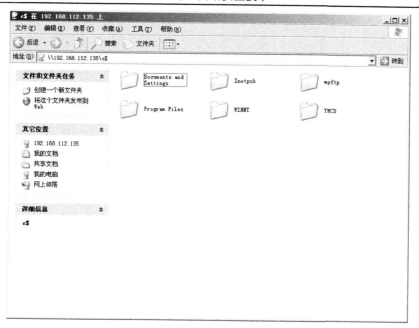

图 6-49 成功登录目标机并访问其共享目录

在图 6-50 所示框内路径中植入木马服务器端程序 G_Server.exe，并将该文件属性设置为隐藏，见图 6-50。这样做是为了让目标机器在重启后启动木马服务，同时不让对方用户发觉已被植入木马。

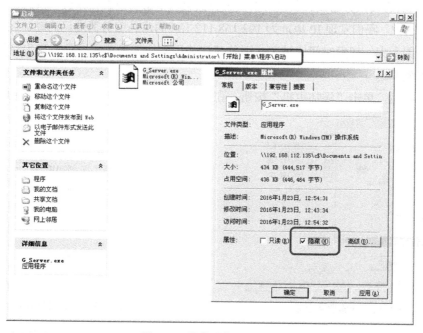

图 6-50 隐藏服务器端文件

木马服务器端程序启动后，在目标机器中打开 Windows 任务管理器查看进程，可以看到木马服务器端程序"KERNEL32.EXE"已经启动，见图 6-51。

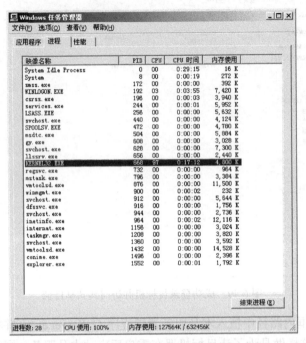

图 6-51 在进程中的服务器端程序

(5) 客户端连接服务器端。在冰河木马主界面上,单击"搜索计算机"按钮,弹出图 6-52 所示界面。图中,我们发现 IP 地址为 192.168.112.135 的木马服务器端已启动。注意,如果搜索的地址范围太大,搜索时间比较久,因此建议使用其他搜索工具先确定攻击目标的范围,以提高搜索效率。

确定目标后,单击"添加主机"按钮,在打开的对话框中输入相关信息,见图 6-53。

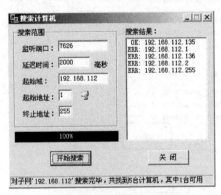

图 6-52 搜索服务器端

图 6-53 添加目标机

单击"确定"按钮后,在冰河木马的主界面左侧的"文件管理器"中可以看到已经添加的目标机器,并在右侧的目录管理中可以看到该机器的文件列表,可以通过文件管理器对目标机器执行文件上传、下载等操作,见图 6-54。

图 6-54　使用客户端控制目标机

(6)控制目标机器。单击快捷工具栏中的"查看屏幕"和"控制屏幕"按钮,打开的界面见图 6-55、图 6-56。通过这两个功能可以监视目标机器的屏幕或控制对方屏幕。

图 6-55　查看目标机屏幕

图 6-56 控制目标机屏幕

使用"冰河信使"可以给目标机器发送信息，见图 6-57 和图 6-58。

图 6-57 使用"冰河信使"发送信息

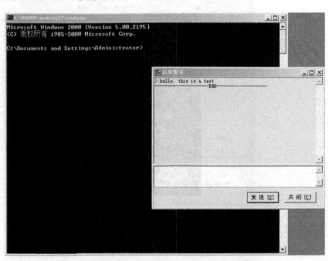

图 6-58 目标机接收信息

在命令控制台中可以进一步控制目标机器，见图 6-59。

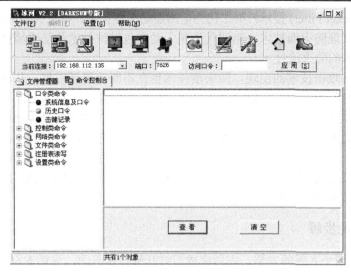

图 6-59　命令控制台

6.7　任务六：网络防御技术之防火墙技术

6.7.1　学习目标

通过本任务使学生掌握个人防火墙的工作原理和规则设置方法，并能够根据业务需求制定防火墙策略。

6.7.2　任务描述

根据不同的业务需求制定天网防火墙策略，并制定、测试相应的防火墙规则等。

任务实现环境：Windows 2000 SP4 操作系统，天网防火墙个人版 v3.0（试用）。

6.7.3　任务分析

要完成任务需要熟练掌握天网防火墙个人版的配置：
(1) 软件的安装；
(2) 防火墙规则的添加、删除与修改；
(3) 普通应用程序规则设置；
(4) 高级应用程序规则设置。

6.7.4　相关知识

防火墙指的是一种获取安全性方法的形象说法，它是一种计算机硬件和软件的结合，使 Internet 与 Intranet 之间建立起一个安全网关，从而保护内部网免受非法用户的侵入。防火墙主要由服务访问规则、验证工具、包过滤和应用网关四部分组成。

防火墙实际上是一种隔离技术，它允许用户"同意"的人和数据进入其网络，同时将"不被同意"的人和数据拒之门外，以最大限度地阻止网络中的黑客来访问用户的网络。

防火墙从诞生开始，已经历了五个发展阶段。第一代防火墙技术几乎与路由器同时出现，采用了包过滤(Packet Filter)技术；第二代为电路层防火墙技术；第三代为应用层防火墙技术，该技术主要采用代理防火墙技术；第四代为基于动态包过滤技术的防火墙技术；第五代为具有自适应代理技术的防火墙技术。

随着新的网络攻击技术的出现，防火墙技术也在不断地更新发展。从单纯的包过滤技术出发，结合用户身份验证、多层级过滤和杀毒功能，使得防火墙技术功能更加完整和强大。由于人们对网络容量、速度提出了更高的要求，基于 ASIC 和网络处理器的硬件防火墙也被开发出来，从而大大提升了防火墙的性能。在防火墙系统方面，强大的审计功能和自动日志分析功能也被结合到防火墙系统中，这样能提高管理工作的效率。防火墙可以根据 IP 地址或服务器端口过滤数据包。但是，它对于利用合法 IP 地址和端口而从事的破坏活动则无能为力。结合防火墙技术与入侵检测系统的防御系统(IPS)由此诞生。

6.7.5 任务实现步骤

(1)天网防火墙个人版的安装。安装完成后打开软件主界面，见图 6-60。

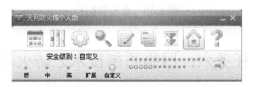

图 6-60　天网防火墙个人版主界面

(2)系统设置。在防火墙的控制面板中单击"系统设置"按钮，即可展开防火墙系统设置面板，见图 6-61。图中，天网防火墙提供了"基本设置"、"管理权限设置"、"在线升级设置"、"日志管理"和"入侵检测设置"五部分的参数配置，我们可以根据自身环境对软件进行设置。

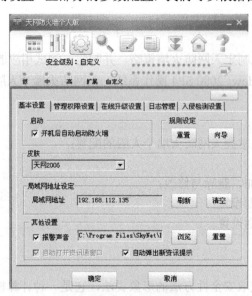

图 6-61　防火墙设置界面

(3)应用程序规则设置。在应用程序访问网络权限设置中，可以对应用程序数据传输数据包执行底层分析拦截功能，它可以控制应用程序发送和接收数据传输包的类型、通信端口，并且决定拦截还是通过，见图 6-62。

在设置界面中选择 Outlook Express 选项，弹出应用程序规则高级设置对话框，见图 6-63。

在其中，可以对该程序访问网络的具体协议、端口进行控制。

图 6-62　应用程序规则设置界面

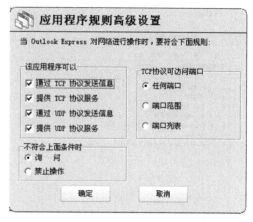

图 6-63　应用程序规则高级设置界面

(4) IP 规则管理。防火墙主要通过不同的 IP 规则对主机的网络访问进行管理，见图 6-64。在软件的 IP 规则管理中，可以看到已经存在若干条软件默认的 IP 规则。天网个人版防火墙的缺省安全级别分为低、中、高三个等级，默认的安全等级为中级。要了解安全级别的说明请查看防火墙帮助文件。为了了解规则的设置等情况，我们选择自定义安全级别，根据自身需求新建规则、修改已有规则或者删除规则。

由于"禁止所有人连接"这条规则太过严厉，会造成许多软件无法访问网络，因此我们需要修改这条规则，见图 6-65，或者不勾选该规则使其失效。这里要说明的是，当有多条规则的内容发生冲突时，一般的处理原则是若存在优先级，则按优先级高的规则运行；若不存在优先级，则按规则制定的时间先后运行，即制定时间比较早的失效。

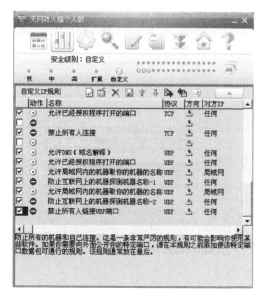

图 6-64　IP 规则管理

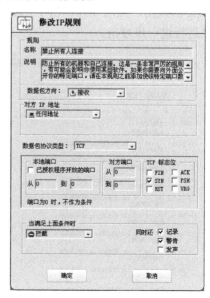

图 6-65　修改 IP 规则

(5) 高级功能。当前系统中所有应用程序网络使用情况见图 6-66。通过该功能用户不但可以控制应用程序访问权限，还可以监视该应用程序访问网络所使用的数据传输通信协议、端口等。还记得 6.6 节中的木马服务器吗？图 6-51 中的 gy.exe 就是我们植入该主机的木马服务器程序。还可以通过日志管理查看当前网络状态，见图 6-67。

图 6-66 应用程序网络状态查看

图 6-67 日志管理

(6) 防火墙工作效果。打开 IE 浏览器，试图访问某个网站，此时防火墙弹出警告信息，见图 6-68。如果是正常访问网络，那么可以勾选"该程序以后都按照这次的操作运行"复选框，并单击"允许"按钮。如果只是一次性访问网络，则直接单击"允许"按钮；如果该程序是可疑程序，则单击"禁止"按钮。

开启 6.5 节中的攻击者（Kali 操作系统），试图利用该主机对本机进行探测，从日志管理看结果，见图 6-69。这是由于我们设置使用了禁止 ping 的规则，见图 6-70。由于无法探测到主机的存活状态，攻击者无法进行进一步攻击。

图 6-68 防火墙警告信息

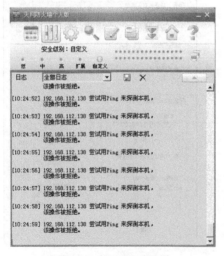

图 6-69 查看日志信息

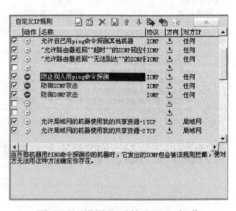

图 6-70 设置规则禁止 ping 操作

由此可见，防火墙能够在一定程度上抵抗外来入侵者的攻击。但是，如果制定的规则有疏漏，那么还是会造成很大被攻击的可能性。

6.8 任务七：网络防御技术之入侵检测系统

6.8.1 学习目标

通过本任务使学生能够掌握轻量级入侵检测系统 SaxII 的安装、配置和运行方法，从而更好地理解入侵检测系统的工作机制及基本组成结构。

6.8.2 任务描述

学习入侵检测系统 SaxII 的使用方法，包括安全策略配置、响应模块管理与统计信息查看等。

任务实现环境：Windows 2000 Server 系统，Windows XP 系统，Kali 系统和 SaxII（Beta）。任务实现环境的网络拓扑如图 6-71 所示。

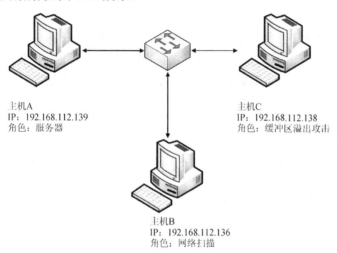

图 6-71　任务实现环境的网络拓扑

6.8.3 任务分析

在服务器上的主机 A 上安装入侵检测系统，开启默认安全策略配置。为检测系统性能，需要对系统进行攻击。这里的攻击分为两部分：主机 B 对网络进行扫描(为节省时间，直接对主机 A 进行扫描)；主机 C 对主机 A 进行缓冲区溢出攻击，具体步骤参照 6.5 节。

当入侵检测系统捕捉到攻击信息后，对其进行分析。如果需要特殊需求，则创建新的安全策略并进行配置。

6.8.4 相关知识

入侵检测系统(Intrusion Detection System，IDS)是一种对网络传输进行即时监视，在发现可疑传输时发出警报或者采取主动反应措施的网络安全设备。与其他网络安全设备不同，IDS 是一种积极主动的安全防护技术。IETF 将一个入侵检测系统分为四个组件。

事件产生器：目的是从整个计算环境中获得事件，并向系统的其他部分提供此事件。

事件分析器：经过分析得到数据，并产生分析结果。

响应单元：对分析结果作出响应的功能单元，可以配置切断连接、改变文件属性等反应，也可以只是简单地报警。

事件数据库：存放各种中间和最终数据的地方的统称，它可以是复杂的数据库，也可以是简单的文本文件。

对各种事件进行分析，从中发现违反安全策略的行为是入侵检测系统的核心功能。从技术上，入侵检测分为两类：一种基于标志，另一种基于异常情况。

(1) 对于基于标志的检测技术来说，首先要定义违背安全策略的事件的特征，如网络数据包的某些头信息。检测主要判别这类特征是否在所收集到的数据中出现。此方法与杀毒软件非常类似。

(2) 基于异常的检测技术则是先定义一组系统"正常"情况的数值，如 CPU 利用率、内存利用率、文件校验和等(这类数据可以人为定义，也可以通过观察系统并用统计的办法得出)，然后将系统运行时的数值与所定义的"正常"情况比较，得出是否有被攻击的迹象。这种检测方式的核心在于如何定义所谓的"正常"情况。

两种检测技术的方法、所得出的结论有非常大的差异。基于标志的检测技术的核心是维护一个知识库。对于已知的攻击，它可以详细、准确地报告出攻击类型，但是对未知攻击却效果有限，而且知识库必须不断更新。基于异常的检测技术则无法准确判别出攻击的手法，但它可以(至少在理论上可以)判别更广泛，甚至未发觉的攻击。

6.8.5 任务实现步骤

(1) 安装 SaxII 入侵检测系统。安装完成后打开软件，其主界面如图 6-72 所示。

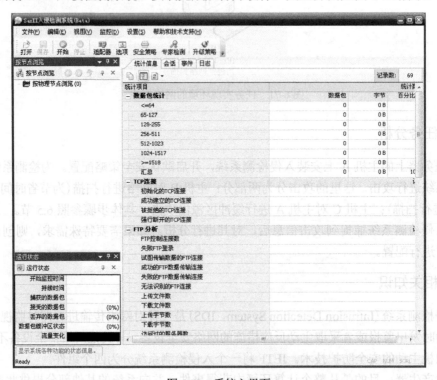

图 6-72 系统主界面

图 6-72 所示主界面主要由四部分组成，包括菜单栏、工具栏、节点浏览窗口和主视图区。其中节点浏览窗口显示了所有参与网络通信主机的物理地址或 IP 地址，包括按节点浏览和运行状态两部分；主视图区是检测结果数据集中显示的区域，由统计信息、会话、入侵事件和日志四部分组成。主视图区各个视图功能描述见表 6-1。

表 6-1 主视图区各个视图功能

视图名称	功能描述
统计信息	提供近 50 个统计计数器，为用户提供非常详尽的网络统计信息
会话	提供 IP 地址、TCP 连接、UDP 会话的通信详细情况，包括源地址、目标地址收发的数据包及这些数据包的大小等信息
入侵事件	分类统计了各种入侵事件的次数，并采用日志详细记录了入侵的时间、发起入侵的计算机、严重程度、采用的方式等信息
日志	记录了 HTTP 请求、收发邮件信息、FTP 传输、MSN 和 QQ 通信，除了即时查看外，还可以保存为日志文件

(2) 运行系统。首先弹出适配器设置对话框，见图 6-73。如果主机安装有多块网卡，则此处需要选择负责监听网络的网卡。选择网卡后，单击"确定"按钮。

图 6-73 选择网卡

系统运行时情况见图 6-74。在图中按节点浏览窗口中，可以看到监听到与主机属于同一网段的并且有数据通信的网络节点(由网卡地址和 IP 地址组成)。在运行状态中，可以看到开始监控时间、捕获数据包以及流量变化等信息。

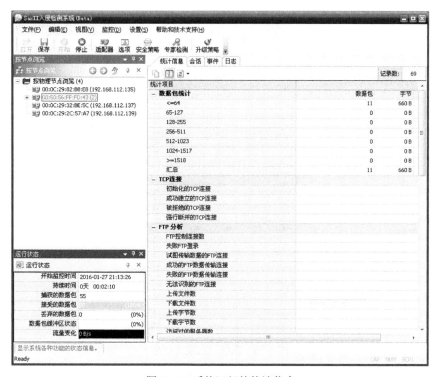

图 6-74 系统运行的统计信息

(3)实施攻击。系统配置完成后,使用缓冲区溢出来攻击主机,具体操作见6.5节,参数配置见图6-75,从图中可知本次攻击没有成功。

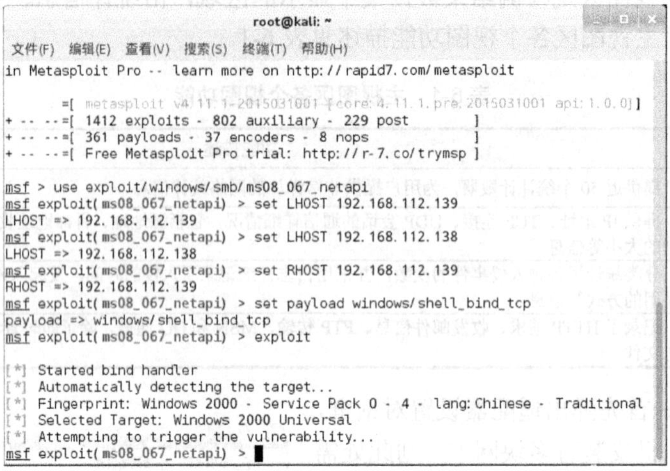

图6-75 缓冲区溢出攻击效果

再回到入侵检测系统主界面,在按节点浏览窗口中选择节点192.168.112.139,然后打开会话视图,见图6-76。从图中"会话"页面可见系统捕捉到攻击入侵的过程,其中框处表明实施攻击使用的反弹端口是4444,由于该端口已经被系统关闭,所以攻击没有成功。

图6-76 系统阻止攻击信息

接下来查看"日志"页面,也可以看到攻击的情况,见图6-77。

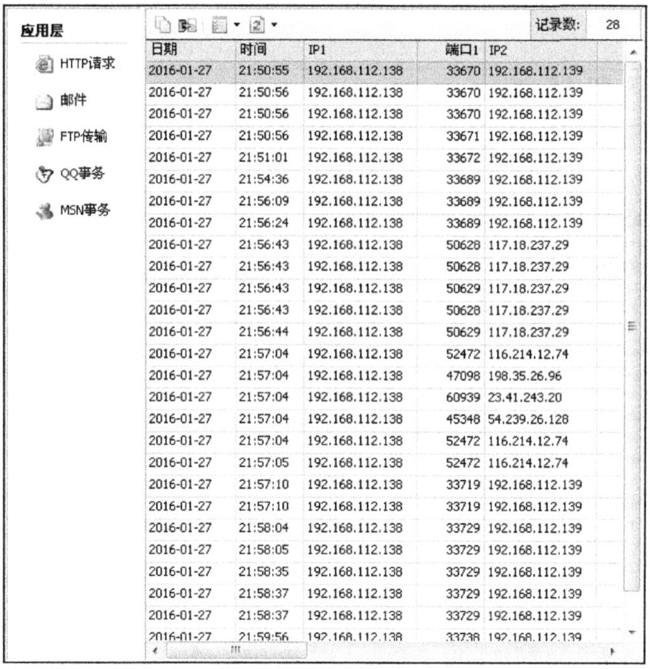

图 6-77 查看日志

(4) 实施扫描操作。开启 X-Scan 对主机进行扫描，同时查看系统运行情况。首先，查看"事件"页面，见图 6-78 和图 6-79。系统对不同的数据包进行分类，并且把数据包可能的危害程度分为"一般"、"轻微"、"重要"与"危险"四个等级。图 6-78 表明 UDP 数据包有危险，而图 6-79 表示有轻微危险。

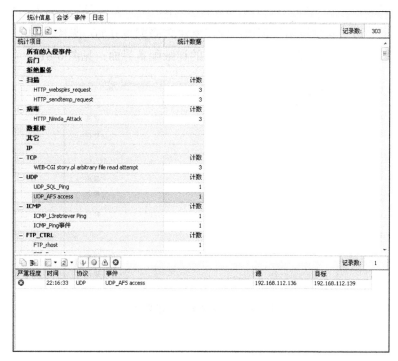

图 6-78 查看事件中的 UDP 数据包情况

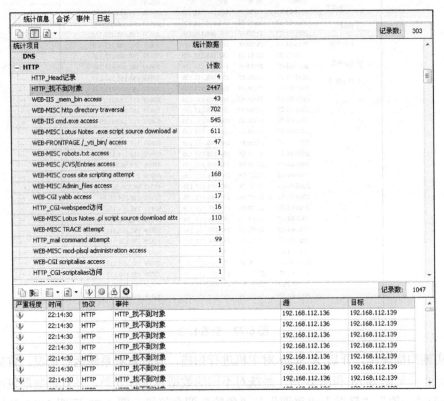

图 6-79　查看事件中的 HTTP 数据包情况

(5) 策略的配置。入侵检测系统与防火墙系统类似，需要配置安全策略来防御可能的攻击。在快捷工具栏中单击"安全策略"按钮，弹出安全策略配置界面，见图 6-80。系统默认使用"系统策略"，单击"查看"按钮进入系统策略的详细配置界面，见图 6-81。

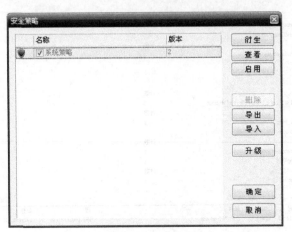

图 6-80　系统安全策略配置界面

第 6 章 网络安全技术

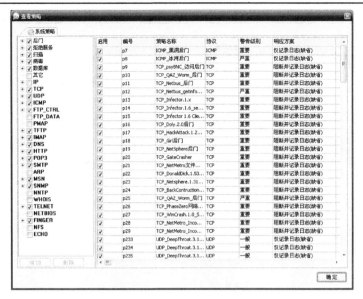

图 6-81 查看详细配置策略

选择某一条策略，其具体配置信息在窗口右侧显示，见图 6-82。

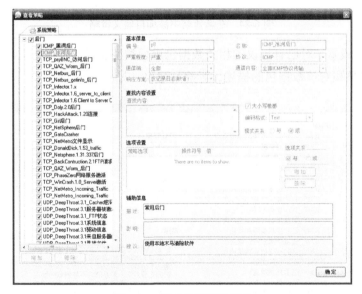

图 6-82 策略具体配置信息

如果需要配置新的系统策略，最快的方式是"衍生"，其意义是复制现有的系统策略，并在此基础上根据需求进行改变，然后单击"启用"按钮（注意，系统只允许同时使用一个策略）。单击"衍生"按钮出现一条新的策略选项"系统策略（衍生）"，见图 6-83。

单击"查看"按钮，在打开的界面中选择"自定义策略"页面，见图 6-84。选择其中一个类别，单击"增加"按钮，并在右侧的详细信息中进行详细的配置。

图 6-83 配置新的系统策略

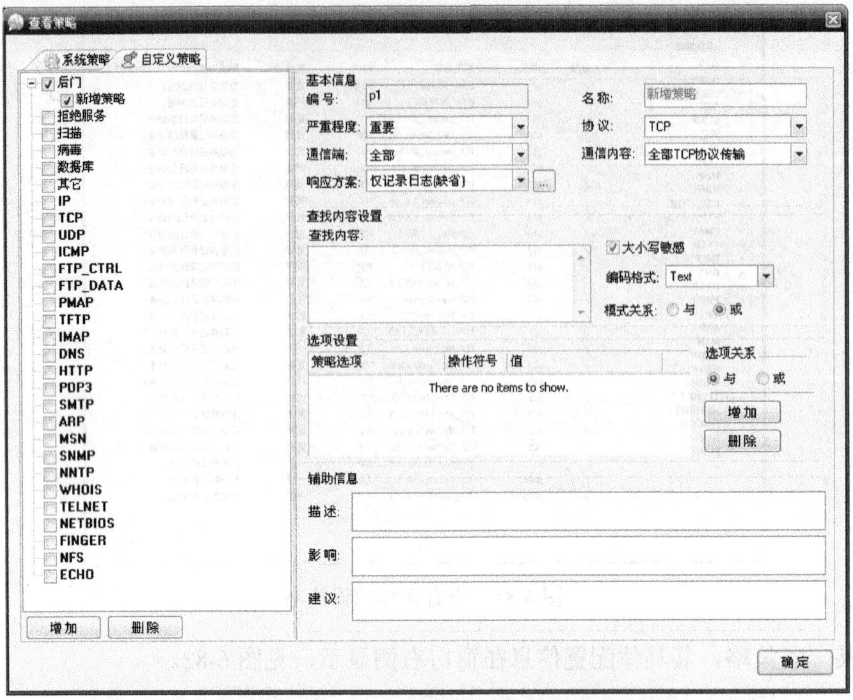

图 6-84 在新策略中添加自定义策略

(6) 专家检测设置。对已有协议的相关数据包进行类型设置，包括严重程度和响应配置方案两方面，以及填写对该数据包的描述、影响与建议，见图 6-85。

图 6-85 专家检测设置

(7)选项配置。执行"设置"→"选项"菜单命令,可以对系统的显示、响应及分析模块等进行配置,见图 6-86。入侵检测系统最主要的功能就是及时发现可疑行为,并且及时通知管理员,传统的通知方式有发送邮件、发出报警音或运行某一特定程序等,可以在"选项"窗口中进行响应方案的设置和管理。

图 6-86 系统响应设置

参 考 文 献

曹庆华. 2011. 网络测试与故障诊断实验教程. 北京：清华大学出版社.
崔北亮，陈家迁. 2010. 网络管理-从入门到精通(修订版). 北京：人民邮电出版社.
戴有炜. 2011. Windows Server 2008 R2 网络管理与架站. 北京：清华大学出版社.
方水平，王怀群. 2012. 综合布线实训教程. 北京：人民邮电出版社.
金瑜，王建勇，等. 2013. 计算机网络实验教程. 北京：科学出版社.
黎连业，陈光辉，等. 2013. 网络综合布线——系统与施工技术. 4版. 北京：机械工业出版社.
梁广民，王隆杰. 2013. 思科网络实验室——路由、交换实验指南. 2版. 北京：电子工业出版社.
马骏. 2014. C#网络应用编程. 3版. 北京：人民邮电出版社.
鸟哥. 2010. 鸟哥的 Linux 私房菜——基础学习篇. 3版. 北京：机械工业出版社.
鸟哥. 2012. 鸟哥的 Linux 私房菜——服务器架设篇. 3版. 北京：机械工业出版社.
武孟军，徐龚，等. 2007. Visual C++开发基于 SNMP 的网络管理软件. 北京：人民邮电出版社.
谢希仁. 2013. 计算机网络. 6版. 北京：电子工业出版社.
杨波. 2015. Kali Linux 渗透测试技术详解. 北京：清华大学出版社.
张玉清，陈深龙，杨彬. 2010. 网络攻击与防御技术实验教程. 北京：清华大学出版社.
赵涏元. 2014. Kali Linux & BackTrack 渗透测试实战. 金光爱，译. 北京：人民邮电出版社.
郑阿奇. 2013. Visual C++ 网络编程教程(Visual Studio 2010 平台). 北京：电子工业出版社.
诸葛建伟，陈力波，等. 2013. Metasploit 渗透测试魔鬼训练营. 北京：机械工业出版社.
Stevens R，2000. TCP/IP 详解-卷1:协议. 范建华，胥光辉，等译. 北京：机械工业出版社.
Tanenbaum A，Wetherall D，2012. 计算机网络. 5版. 严伟，潘爱民，译. 北京：清华大学出版社.
Wright C R，Stevens R，2000. TCP/IP 详解-卷2:实现. 陆雪莹，蒋慧，等译. 北京：机械工业出版社.